职业教育大数据技术专业"互联网+"创新教材

大数据基础应用

主　编　胡　亦
参　编　景妮琴　詹晓东　于　京

机械工业出版社

本书通过讲解 Python 编程及其基础应用为大数据专业的学习奠定基础。全书共 8 个项目，主要内容包括进入 Python 编程世界、编程计算三角形面积、开发一个面积计算器、开发一个万年历、开发一个扑克牌游戏、开发一个文件自动备份器、字符串加密解密和天气数据分析与可视化。本书以简洁、通俗易懂的语言，讲解了 Python 中最基本、最重要的概念。

本书适合作为各类职业院校大数据技术及相关专业的教材，也可作为计算机爱好者的大数据入门和学习 Python 程序设计的参考用书。

本书配有电子课件、微课视频（书中扫码观看）等教学资源，选用本书作为授课教材的教师可登录机械工业出版社教育服务网 (www.cmpedu.com) 注册后免费下载，或联系编辑 (010-88379807) 咨询。

图书在版编目（CIP）数据

大数据基础应用/胡亦主编．—北京：机械工业出版社，2023.1（2024.1重印）
职业教育大数据技术专业"互联网+"创新教材
ISBN 978-7-111-72081-2

Ⅰ. ①大… Ⅱ. ①胡… Ⅲ. ①数据处理—职业教育—教材 Ⅳ. ①TP274

中国版本图书馆CIP数据核字（2022）第218556号

机械工业出版社（北京市百万庄大街22号 邮政编码100037）
策划编辑：张星瑶　　　　责任编辑：张星瑶
责任校对：肖　琳　张　薇　封面设计：马若濛
责任印制：单爱军
北京虎彩文化传播有限公司印刷
2024年1月第1版第2次印刷
184mm×260mm・11.25印张・231千字
标准书号：ISBN 978-7-111-72081-2
定价：39.00元

电话服务　　　　　　　　　网络服务
客服电话：010-88361066　　机 工 官 网：www.cmpbook.com
　　　　　010-88379833　　机 工 官 博：weibo.com/cmp1952
　　　　　010-68326294　　金　书　网：www.golden-book.com
封底无防伪标均为盗版　机工教育服务网：www.cmpedu.com

前言 PREFACE

Python 语言具备语法简单、编写简单、可读性强、易于移植扩展等优点，目前被广泛应用于 Web 开发、人工智能、大数据等诸多领域。

本书通过 8 个项目，由浅入深地引入了 Python 程序设计语言的基础知识，从实现简单的功能到完成大数据分析和可视化。项目 1 通过一个简单的小程序，讲解了 Python 开发环境的搭建、数值数据类型、变量及输入输出。项目 2 通过计算三角形面积的程序讲解了函数与模块。项目 3 通过面积计算器项目讲解了选择、循环结构及列表数据类型。项目 4 通过万年历项目并综合了项目 1～3 所学知识，重点讲解了迭代增量的开发方式。项目 5 通过扑克牌游戏的开发讲解了字典数据结构。项目 6 通过文件自动备份器的开发讲解了文件的读写以及目录操作。项目 7 通过字符串加密解密深入讲解了字符串。项目 8 通过天气数据分析与可视化讲解了 pandas 数据分析及可视化的知识。

教学建议：

本教材适用于 32 或 64 学时的课程，各项目涵盖的知识点及建议学时见下表：

项 目	知识技能点	建议学时
项目 1　进入 Python 编程世界	Python 开发环境搭建、变量、输入与输出、算术运算	4
项目 2　编程计算三角形面积	函数与模块	4/8
项目 3　开发一个面积计算器	选择结构、循环结构、列表	8/8
项目 4　开发一个万年历	选择结构、循环结构、元组、版本控制	4/8
项目 5　开发一个扑克牌游戏	列表、字典	4/8
项目 6　开发一个文件自动备份器	文件读写、目录操作	4/8
项目 7　字符串加密解密	字符串	4/8
项目 8　天气数据分析与可视化	pandas 数据分析与可视化	0/12
总学时		32/64

本书由胡亦任主编，景妮琴、詹晓东、于京参与编写。

由于编者水平有限，书中难免存在疏漏和不足之处，恳请读者批评指正。

编　者

二维码清单

项目	视频名称	二维码	项目	视频名称	二维码
项目1	01　交互模式与脚本模式		项目4	10　输出版式正确的月历1	
	02　Jupyter Notebook的使用			11　输出版式正确的月历2	
	03　Python代码的基本体例			12　输出天数正确的月历	
项目2	04　利用函数求解三角形面积			13　输出一个正确的月历	
	05　利用多文件机制求解三角形的面积			14　完成"年历"	
项目3	06　设计菜单			15　输出万年历	
	07　完成连续输入功能		项目5	16　用列表模拟一副扑克牌	
	08　完善计算面积功能			17　用字典模拟一副扑克牌	
	09　完成查看记录功能		项目6	18　备份单个文件	

(续)

项 目	视 频 名 称	二 维 码	项 目	视 频 名 称	二 维 码
项目 6	19　备份目录下的所有文件		项目 8	22　获取天气数据	
项目 7	20　使用恺撒加密法进行加密解密			23　数据整理	
	21　使用栅栏加密法进行加密解密			24　数据分析与可视化	

CONTENTS 目录

前言
二维码索引

项目1　进入Python编程世界 1

任务1　搭建Python开发环境 3
任务2　编写一个简单的Python程序 10
知识总结　变量、输入与输出 11
项目拓展　搭建自己的开发环境 14
润物无声　千里之行，始于足下 15

项目2　编程计算三角形面积 17

任务1　利用函数求解三角形的面积 19
任务2　利用多文件机制求解三角形的面积 20
知识总结　函数与模块 21
项目拓展　求复杂图形的面积 25
润物无声　代码规范 25

项目3　开发一个面积计算器 27

任务1　设计菜单 29
任务2　完成连续输入功能 31
任务3　完善计算面积功能 33
任务4　完成查看记录功能 35
知识总结　选择结构、循环结构、列表 38
项目拓展　完善面积计算器 60
润物无声　工匠精神 61

项目4　开发一个万年历 63

任务1　输出版式正确的月历 65
任务2　输出天数正确的月历 67
任务3　输出一个正确的月历 70
任务4　完成"年历" 72
知识总结　迭代增量的开发方法及版本控制 74

CONTENTS

项目拓展　完成万年历 76
润物无声　迭代与自我成长 77

项目5　开发一个扑克牌游戏 79

任务1　用列表模拟一副扑克牌 81
任务2　用字典模拟一副扑克牌 83
知识总结　字典 90
项目拓展　开发一个21点游戏 97
润物无声　团队精神 98

项目6　开发一个文件自动备份器 99

任务1　备份单个文件 101
任务2　备份目录下的所有文件 103
知识总结　文件读写、目录操作 104
项目拓展　完成自动备份功能 114
润物无声　华为鸿蒙系统 114

项目7　字符串加密解密 117

任务1　使用恺撒加密法进行加密解密 119
任务2　使用栅栏加密法进行加密解密 121
知识总结　字符串 123
项目拓展　改进加密算法增强安全性 129
润物无声　信息安全 129

项目8　天气数据分析与可视化 131

任务1　获取天气数据 133
任务2　数据整理 135
任务3　数据分析与可视化 137
知识总结　网页数据提取、pandas基础 141
项目拓展　北京冬奥会奖牌数据可视化 169
润物无声　探索精神 170

参考文献 171

Project 1

项目1
进入Python编程世界

项目介绍

本项目通过编写一个简单的计算三角形面积的程序来带领读者进入Python编程世界,通过这个项目将学习到Python开发环境的搭建,简单的Python程序的编写,并了解Python程序的基本体例。

学习目标

1. 能够搭建Python开发环境
2. 掌握Python的基本输入输出
3. 了解如何在Python程序中添加注释
4. 掌握Python程序变量的定义与使用
5. 掌握Python算术运算
6. 掌握Python的整型、浮点型及字符串等数据类型及转换

任务 1　搭建 Python 开发环境

任务描述

"工欲善其事，必先利其器"，学习一门编程语言首先要做的准备工作是搭建一个高效的开发环境，因此本书的第一个任务就是搭建 Python 开发环境。

任务实施

1．了解 Python 语言

Python 是一种面向对象的解释型计算机程序设计语言，它容易入门、语法简洁、有丰富强大的类库、开发效率高，在人工智能、大数据等领域应用广泛。同时它还适用于 Web 开发、科学计算、数据分析、自动化运维等各个领域。

2．搭建 Python 开发环境

（1）安装 Python

访问 Python 官方网站下载和操作系统对应的安装文件即可进行安装。Python 是跨平台的，支持 Windows、Mac OS 和 Linux/UNIX，本书基于 Python 3.8 编写。初次接触 Python 语言，有以下几点需要了解：

1）Python 解释器。Python 是一种解释型语言，在计算机上安装 Python 时就安装了 Python 的解释器，Python 解释器可以读取 Python 的程序语句并执行。

使用 Python 解释器有两种模式：交互模式和脚本模式。在交互模式下，解释器等待从键盘输入 Python 语句，当输入一条语句并按 <Enter> 键后解释器就会执行它，然后等待输入下一条语句。在脚本模式下，解释器读取 Python 程序的全部语句并执行。

2）交互模式。如果计算机上安装好了 Python，可以在操作系统的命令行下输入 Python 命令，以交互模式启动解释器，如图 1-1 所示。

当 Python 解释器以交互模式运行时，一般称它为 Python shell，现在看到的 ">>>" 是一个提示符，表示 Python 解释器正在等待输入 Python 语句。现在可以试试输入 print(' 这是我的第一条 Python 语句 ')，这时可以看到图 1-2 所示的结果。

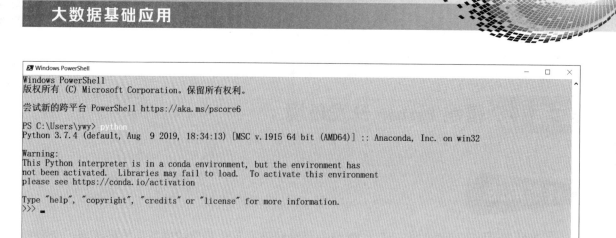

图 1-1　以交互模式启动 Python 解释器

```
Type "help", "copyright", "credits" or "license" for more information.
>>> print('这是我的第一条Python语句')
这是我的第一条Python语句
>>>
```

图 1-2　在交互模式执行第一条 Python 语句

需要特别注意的是，语句中除括号内输出的内容外所有符号都必须是英文的，否则会看到图 1-3 所示的提示，图中的小括号使用了中文符号，所以提示错误。这在后面的编程中要特别注意。

```
>>> print('这是我的第一条Python语句')
  File "<stdin>", line 1
    print('这是我的第一条Python语句')
SyntaxError: invalid character in identifier
>>>
```

图 1-3　Python 语句中使用了中文符号产生的错误

交互模式在学习 Python 时很有用，可以输入一条语句并获得及时反馈，要想退出交互模式，在 Windows 系统下按快捷键 <Ctrl+Z> 然后按 <Enter> 键，在 Mac OS、Linux 或 UNIX 系统下，按快捷键 <Ctrl+D>。

3）脚本模式。交互模式不会保存代码，只能简单执行并显示结果，如果想把一组语句一起运行，可以把这些语句保存成程序，然后在脚本模式下运行，如图 1-4 所示。

注意：Python 的程序必须保存成扩展名为 .py 的纯文本文件。假设把程序保存成 first.py，可以在操作系统的命令行中进入文件保存的目录，执行 python first.py 以脚本模式运行程序。

```
Microsoft Windows [版本 10.0.19043.1466]
(c) Microsoft Corporation。保留所有权利。

C:\Users\ywy>d:

D:\>python first.py
这是我的第一条Python语句
```

图 1-4　以脚本模式运行 Python 程序

(2)安装集成开发环境

除了交互模式和脚本模式之外，还经常使用另外一种方式编写、运行和调试 Python 程序：集成开发环境（Intergrated Development Environment，IDE）。集成开发环境是集成了编写、执行、测试程序的工具，当安装 Python 时，其实已经安装了一个叫作"IDLE"的集成开发环境，作为 Python 官方提供的 Python IDE，IDLE 提供的功能有限，如果打算长期进行 Python 开发，还是需要选择一个更好的集成开发环境，如 PyCharm、Visual Studio Code 等。

作为一个 Python 初学者，推荐使用两个 IDE：

1）Thonny。Thonny 由爱沙尼亚的塔尔图大学计算机科学学院开发，它的调试器是专为学习和教学编程而设计的，因此特别适合初学者使用。Thonny 的最新版本内置了 Python 3，如果使用它，就不用再单独安装 Python 3 了。

运行 Thonny 后的界面如图 1-5 所示。

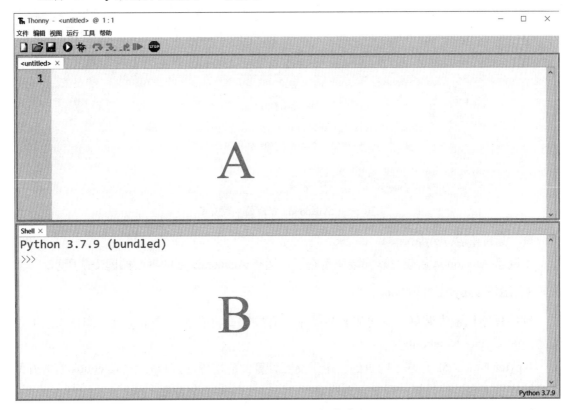

图 1-5 Thonny 运行界面

图 1-5 中，A 所标识的部分是书写代码的窗口，代码写完后需要保存，然后单击工具栏上的"运行"按钮或者按快捷键 <F5> 就可以运行程序了。图 1-5 中 B 所标识的部分是 shell，可以以 Python 交互模式执行代码。

2）Anaconda。Anaconda 是一个开源的 Python 发行版本，包含了 conda、Python 及 180 多个科学包。

- 下载 Anaconda

可以到 Anaconda 的官方网站下载 Anaconda，如图 1-6 所示。下载时注意选择和计算机操作系统对应的版本。

如果使用 Anaconda，那么就没有必要安装 Python 了，因为 Anaconda 中已经包含了 Python，并且可以很方便地实现多版本 Python 共存。

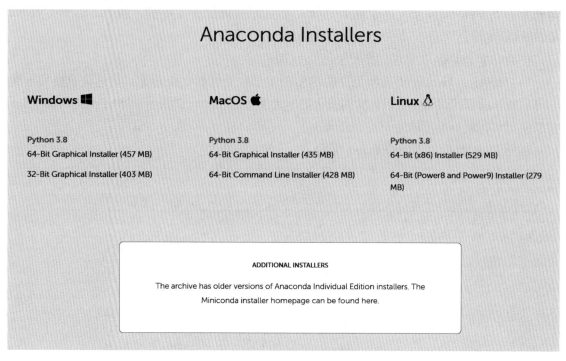

图 1-6　Anaconda 官网的下载页面

- 安装并运行 Anaconda

下载了 Anaconda 后就可以安装使用它了，运行 Anaconda 后的界面如图 1-7 所示。

3．运行 Jupyter Notebook

有些程序已经安装好了，可以直接使用；有些需要再安装。这里重点介绍本书后面经常使用的 Jupyter Notebook。

Jupyter Notebook 是基于网页的、用于交互计算的应用程序。Jupyter Notebook 官方介绍其可被应用于全过程计算：开发、文档编写、运行代码和展示结果。

简单来说，Jupyter Notebook 以网页的形式打开，可以在网页页面中直接编写和运行代码，代码的运行结果会直接在代码块下显示。如果在编程过程中需要编写说明文档或者做笔记，可在同一个页面中直接书写。因此它非常适合用于 Python 教学与学习。

可以打开 Anaconda 运行 Jupyter Notebook，也可以单独运行它（在 Windows 系统中依次单击"开始→所有程序→ Anaconda 3 → Jupyter Notebook"），Jupyter Notebook 运行时会打开一个终端窗口，能看到启动了一个 Web 服务，然后它会打开浏览器显示图 1-8 所示的页面。

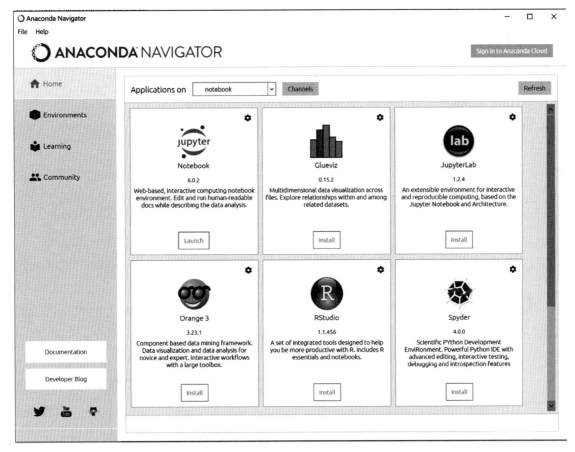

图 1-7　运行 Anaconda-Navigator 的界面

图 1-8　Jupyter Notebook 运行后在浏览器中显示的页面

（1）定义自己的工作目录

首先应该建立一个工作目录，单击 New-Folder 会出现图 1-9 所示的工作目录。

图 1-9　在 Jupyter Notebook 中建立一个工作目录

这时会增加一个名为 Untitled Folder 的文件夹，找到并勾选 Untitled Folder 左侧的复选框，单击页面左上端的 Rename 按钮，在弹出的窗口中输入想要修改的名字，如图 1-10 所示。

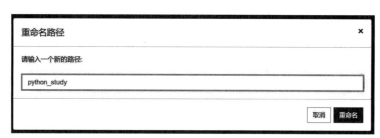

图 1-10　重命名工作目录

单击刚刚创建的文件夹，进入文件夹中就可以开始 Python 学习之旅了。

（2）新建 Notebook

进入工作目录后单击 New，选择 Python 3，创建一个 Notebook，如图 1-11 所示。

图 1-11　新建一个 Notebook

这时浏览器会打开一个新的标签页，如图 1-12 所示。里面是新建的 Notebook，现在新建的 Notebook 名称为 Untitled，可以单击名称把它修改为自己想要的名字。

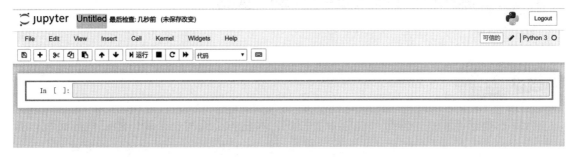

图 1-12　新建 Notebook 的页面

新建的 Notebook 里有一个单元格（cell），可以在其中写代码或者记录一些文字。现在可以试着在空白单元格中输入 print('Hello,world!')，然后单击工具条上的"运行"按钮。这时能在单元格下面看到这条语句运行的结果，同时新建了一个单元格，如图 1-13 所示。

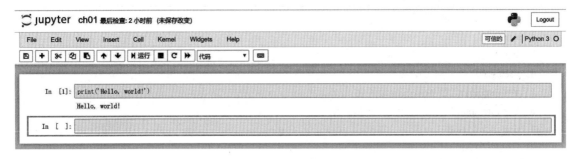

图 1-13　在 Notebook 中运行 Python 代码

Notebook 会自动保存，也可以单击工具条上的"保存"按钮保存。用完 Notebook 后可以单击 File-Close and Halt 关闭它，这时会返回到主页中，在列表中可以看到刚才创建的 Notebook。

（3）导出 Notebook

如果想把创建的 Notebook 复制到其他计算机上或者分享给其他人，可以单击 File-Download As-Notebook(.ipynb)，这样就可以把 Notebook 存储为文件了，在另一台安装了 Jupyter Notebook 的计算机上可以打开这个 Notebook 文件进行查看、编辑。当然还可以把 Notebook 导出为 pdf、html 等格式供自己或其他人查看。

（4）导入 Notebook

如果想使用别人提供的 Notebook，比如本书的示例代码，就需要把它导入 Notebook 中。单击 Jupyter Notebook 左上角的 Upload 按钮，选择要导入的文件，单击"打开"按钮然后单击 Upload 按钮，就可以使用它了。

大数据基础应用

任务 2 编写一个简单的 Python 程序

任务描述

计算三角形面积是小学数学课程中的知识，本任务是编写一个简单的三角形面积计算的程序，要求用户输入三角形的底和高，用程序计算出三角形的面积并输出到屏幕上。

任务实施

计算三角形面积的代码如下：

```
1   # 计算三角形面积
2   a = 0
3   h = 0
4   area = 0.0
5   a = int(input(" 请输入三角形的底：") )
6   h = int(input(" 请输入三角形的高：") )
7   area = a * h / 2
8   print(" 三角形的面积是："+str(area))
```

程序运行结果如图 1-14 所示。

```
请输入三角形的底：4
请输入三角形的高：3
三角形的面积是：
6.0
```

图 1-14 计算三角形面积程序运行结果

代码解析

Python 程序非常简单，从书写的第一行执行，到最后一行结束，其中语句之间用"回车"分隔，也就是说每行为一个单独语句，程序中用"#"标识"注释"，所有的注释是不执行的。

● 第 1 行：注释，说明程序的功能。

● 第 2~4 行：分别定义 3 个变量 a、h 和 area。Python 与大多数其他语言一样，有变量需要先定义再使用，但是它没有明显的变量声明形式，而是以赋初值形式完成声明的工作，这样的做法与其他编程语言不太一样，它避免了无初值变量的产生。

- 第 5 和第 6 行：利用 input 函数输入，同 C 和 Java 不同，Python 的输入可以带文本提示。Python 3 中 input 函数返回的是一个字符串，这个程序中需要用户输入的是一个整数，所以需要用 int 函数把字符串转换成整数才能进行后续的计算。
- 第 7 行：是一个算术表达式，用三角形面积公式计算得出三角形面积，注意 area 变量是一个浮点型数据。
- 第 8 行：使用 print 函数输出字符串'三角形的面积是：'和变量 area 所引用的数值。

练一练

- 运行程序，输入一个浮点数，看看会发生什么，记录下来。
- 仿照任务 2 编写一个计算梯形面积的程序。

知识总结　变量、输入与输出

1. 语句的分隔

Python 用分行来表示一个语句的结束，一行就是一个语句。

2. 注释

评价程序的一个重要依据是它的源代码是否能被人看懂，有时这甚至比它是否可以执行更重要。为此需要程序员通过标注来解释程序的目标、方法、意图、思路等，这些标注称为注释。Python 用 # 来表示注释，从 # 标记开始到本行结束。注释的内容不会被程序执行，但一定要注意 Python 的注释标记只在当前行有效。

如果需要进行多行的注释，Python 提供一种变通的方法：可以利用三个单引号或双引号，比如：

```
'''
trans the data during downedge,start in first clk
tbyte:the data(python int)
Bwidth:how many bits in the data(8,16,32,64 ...)
LMmask:LSB mask (... 0x800,0x80,0x8) or MSB mask (1)
'''
```

3. 值与类型

在计算机中处理的信息大致可以分为两类：数字和非数字。由于计算机处理数据时需要更详细地区分数据类型，所以进一步将数字分为整数和带小数点的数。其中整数是 int 类型，而带小数点的数据称为浮点型数据 float。在 Python 中，在使用前必须明确数据的使用类型，Python 的特点是不使用数据类型名称而使用数据实例来说明类型，这样的好处在于永远也不会产生未定义初值的错误。

对于非数字的量统称为字符串,可以这样表示:'使用单引号标志',或"使用双引号标志",双引号中可以嵌套使用单引号,比如,"这是一个'单、双引号混合使用'的字符串示例"。

Python 中的数据类型还包括复数型 complex,如 123.45j 就是一个复数。

Python 提供了一个内置函数 type,用来观察数据的类型。若有定义 a = 3,执行 print(type(a)) 之后,结果是 int,如图 1-15 所示。

```
>>> a = 3
>>> print(type(a))
<class 'int'>
```

图 1-15　使用 type 函数查看变量的数据类型

4．变量、标识符

变量是代表存储在计算机存储器中某个数值的名字。

在编程语言中,一般把一个数值称为数值型字面常量(literal constant),Python 允许程序员用给数据量起名的方法区分和使用程序中的值,一般情况下,由于程序中的量参与计算时会按需要变化,所以被称为变量(variable),程序员所起的名字被称为"标识符"。在 Python 中标识符必须遵守以下命名规范:

1)可以由英文字母、数字、下划线组成。

2)第一个字符不能是数字。

3)标识符长度不限。

4)变量名内不能有空格。

5)大小写不同。

6)不可以使用 Python 的关键字(keyword)。在 Python 中运行以下两行代码可以看到 Python 的关键字,如图 1-16 所示。

```
>>> import keyword
>>> print(keyword.kwlist)
['False', 'None', 'True', 'and', 'as', 'assert', 'async', 'await', 'break', 'class', 'continue', 'def', 'del', 'elif', 'else', 'except', 'finally', 'for', 'from', 'global', 'if', 'import', 'in', 'is', 'lambda', 'nonlocal', 'not', 'or', 'pass', 'raise', 'return', 'try', 'while', 'with', 'yield']
```

图 1-16　查看 Python 的关键字

除了要遵循以上规则之外,在给变量命名时,尽量选择能够表达变量用途的英文单词。下面比较两种标识符:

1)好的标识符:days_in_month, speed。

2)不太好的标识符:s, m2。

有时可能需要采用由多个单词组成的变量名,一般来说,建议采用下划线作为分隔符把单词分开以增强可读性,比如:pay_rate。

最后还要提示一点，尽量不要使用 Python 的内置函数名作为变量名，虽然没有强制性要求，但这样做可能会带来一些不必要的麻烦。

5．有名常量

Python 没有常量机制，但是有时确实需要注意某些数据不可改变，因此将其名称大写。例如，PI=3.14，这时 PI 是一个有名常量（named constant），表示一个在程序执行过程中数值恒定不变的名字。

6．输入

Python 使用 input 函数获取用户从键盘的输入，其格式是：

```
变量 = input(" 提示信息 ")
```

注意：input 是一个函数，在程序中使用这个函数（一般称为"调用函数"）时，首先输入函数的名称 input，然后是一对圆括号。在圆括号内部需要输入参数，对于 input 函数来说，它的参数必须是一个字符串。input 函数返回字符串型数据，如果这不是需要的类型，那么就需要进行类型转换。

7．类型转换

Python 提供了一些内置函数，可以帮助进行数据类型的转换。表 1-1 列出了常用的数据类型转换函数。

表 1-1　常用的数据类型转换函数

函　　数	说　　明
int()	将数据转换成一个 int 类型数值并返回
float()	将数据转换成一个 float 类型数值并返回
str()	将数据转换成一个 str 类型数值并返回

练一练

在 Python 交互模式下运行以下代码，看看运行结果是什么。

```
print(int(3.14))
print(float(5))
print(str(101))
print(float('2.11'))
print(int('256'))
print(float('80'))
print(int('1.21'))
```

8．输出

Python 使用 print 函数把字符串信息输出到屏幕上，回顾一下任务 2 的代码，在第 8 行用 print 函数进行输出。print 函数允许有多个参数，只需把它们用逗号分开。

9. 算术运算

任务 2 中还使用了算术运算，Python 支持的算术运算符见表 1-2。

表 1-2 Python 支持的算术运算符

运算符	运算	说明
+	加法	两数相加
−	减法	两数相减
*	乘法	两数相乘
/	除法	两数相除并返回一个浮点数结果
//	整数除法	两数相除并返回一个整数结果
%	求余	两数相除并返回余数
**	幂运算	返回一个数以另一个数为指数的幂值

可以在交互模式下输入一个数学表达式，按 <Enter> 键后就能看到计算结果。

练一练

在 Python 交互模式下运行以下代码，看看结果是什么。

```
x = 5
y = 3
a = x + y
b = x – y
c = x * y
d = x / y
e = x // y
f = x % y
g = x ** y
print(x, '+', y, '=', a)
print(x, '–', y, '=', b)
print(x, '*', y, '=', c)
print(x, '/', y, '=', d)
print(x, '//', y, '=', e)
print(x, '%', y, '=', f)
print(x, '**', y, '=', g)
```

项目拓展　搭建自己的开发环境

项目目标：

能够正确安装 Anaconda，使用 Jupyter Notebook 创建工作目录，在工作目录中创建 Notebook，上传已有的 Notebook 并打开查看。

项目要求：

1）从 Anaconda 官网下载并安装 Anaconda。

2）从 Anaconda-Navigator 启动 Jupyter Notebook。

3）创建自己的工作目录并新建一个 Notebook。

4）在自己的 Notebook 中完成本项目的编程题。

5）下载本书的示例代码，将 ch1.ipynb 上传到自己的工作目录并打开查看。

> **润物无声　千里之行，始于足下**
>
> "千里之行，始于足下。"出自《老子》第六十四章，意思是事情是从头做起，从点滴的小事做起，逐步进行。《老子》以大树、高台、千里之行一方面说明在问题发生之前一定要提前防范或处置妥当，以免量变引起质变；另一方面说明任何事情都需要从头做起，一个好的开始往往是事情成功的关键，远大的理想和抱负需要脚踏实地地推进，才能在一个个具体目标的实现中完成看似不可能完成的任务。
>
> 项目 1 看似简单，但这是开启 Python 编程学习的第一步，从这里开始，踏踏实实走好每一步，一定能学有所获，达成目标。

Project 2

项目2
编程计算三角形面积

项目介绍

　　计算图形面积是数学中的一个基本问题，在很多问题的解决中都需要计算图形面积，上一个项目编写了一个最简单的计算三角形面积的程序，本项目将使用函数和多文件机制来求解三角形的面积。

学习目标

1. 掌握函数的定义和使用
2. 理解函数的形参、实参、返回值等概念
3. 理解局部变量与全局变量
4. 掌握Python常用数学运算
5. 掌握将函数打包成模块的方法
6. 掌握导入模块的方法

项目2 编程计算三角形面积

任务 1 利用函数求解三角形的面积

任务描述

项目 1 中就提到了函数的概念，在 Python 中输入输出用到的 print、input 都是函数，这类可以直接使用的函数是 Python 的内置函数（built-in function），后面将学习更多内置函数。

除了内置函数外，Python 还允许自定义函数，通过这个任务来学习一下如何定义与使用自定义函数。这个任务仍然是计算三角形面积，和之前不同的是，要使用自定义函数进行编写。

任务实施

使用函数计算三角形面积的代码如下：

```
1   def triangle_area(x, y):
2       print(" 计算三角形面积 ")
3       return x * y / 2
4   a = 0
5   h = 0
6   area = 0.0
7   a = int(input(" 请输入三角形的底："))
8   h = int(input(" 请输入三角形的高："))
9   area = triangle_area(a, h)
10  print(" 三角形的面积是：", area)
```

代码解析

● 第 1 行：用 def 关键字定义了一个函数，名字叫 triangle_area，这种形式就是函数的定义，triangle_area 函数的参数是 x 和 y，参数用括号括起来，以冒号结束，然后使用缩进的方法标志函数的范围。triangle_area 函数只有两条语句，这两条语句的缩进（句首空格数）相同，而从第 4 行开始就不是 triangle_area 函数的范围了。Python 利用排版的缩进格式表达语句的归属范围，第 2 和第 3 行的缩进格式表明，这两句话隶属于第 1 行定义的函数。

需要注意：Python 语句在书写格式上要严格遵守缩进原则，Python 没有利用 { } 或 begin…end 来标志代码块的开始与结束，而是利用了缩进这种更方便的书写方式，但是程序员必须保证相同语句块的缩进保持一致，子块必须使用比父块更多的缩进，否则就会引发 IndentationError: unexpected indent 错误。缩进这种强制规则增强了源文件的排版规范，更具有可读性。Python PEP 8 编码规范中指导使用 4 个空格作为缩进。

- 第2行：triangle_area 函数的功能，首先通过打印信息提示一下程序现在运行的位置。
- 第3行：return 也是一个 Python 语法关键字，顾名思义，函数将在此返回（到调用位置），并带回一个值，即 x*y/2。也就是说 triangle_area 函数传入参数 x、y，并返回按公式 x*y/2 计算所得到的值。
- 第4~8行：取消了函数 triangle_area 的缩进，表示回到程序主框架的范畴，到7、8行，输入了 a 和 h。
- 第9行：像数学中的调用函数一样，程序将 a、h 当作参数调用了 triangle_area 函数，然后程序加载 triangle_area 函数并运行，直至运行到 triangle_area 函数的 return 语句，再回到函数被调用的位置，可以看到第9行利用一个赋值语句将 triangle_area 函数返回的值给了 area 变量，然后在第10行打印。

任务2　利用多文件机制求解三角形的面积

任务描述

在实际的应用中，形如任务1的函数使用方式意义不大，使用函数的目的之一就是代码复用，任务1这种在一个程序中先定义函数再调用函数的方式，很难把函数作为一个"工具包"被其他程序复用，所以把函数"打包"到一个程序中以方便其他程序复用是十分重要的，本任务将实现这一功能。

任务实施

本任务包括两个文件，一个是 area02.py，这个程序调用 triangle_area 函数计算三角形面积，而 triangle_area 函数在另一个文件 cal_area.py 中：

```
1   # area02.py
2   from  cal_area import *
3   a = 0
4   h = 0
5   area = 0.0
6   a = int(input(" 请输入三角形的底：ˮ))
7   h = int(input(" 请输入三角形的高：ˮ))
8   area = triangle_area(a, h)
9   print(" 三角形的面积是：ˮ, area)
```

```
1    # cal_area.py
2    def triangle_area(x, y):
3        print(" 计算三角形面积 ")
4        return x * y / 2
```

任务 2 演示了如何使用把函数"打包"到一个文件中，这样所有函数都可以被其他程序复用了。本任务中的 triangle_area 函数在 cal_area.py 中，在 Python 中，每个 .py 文件都可以被当作一个模块（Module），在当前文件中导入另一个 .py 文件（模块）就可以使用被导入文件中定义的内容，包括类、变量和函数等。

于是，area02.py 的第 2 行为：

from cal_area import *

这句话的含义是从 cal_area 中导入所有函数，这样在 area02.py 中就可以使用 triangle_area 函数了。注意，使用 from 引用文件模块的时候不要有文件名的扩展名".py"。

为什么要分成两个文件呢？这样就可以方便地进行工具包（函数库）的复用了，比如，开发人员完成了求各种图形面积的函数，那么求任务拓展中图 2-1 中的图形阴影部分面积时，只要把包含简单图形求面积的函数文件导入（import）进来，然后把各种函数组合，就完成了开发任务。这种开发就简单多了，所以尽量使用多文件机制定义函数，否则函数的功效将大打折扣。

任务拓展

假设图 2-1 中的圆形直径与正方形边长相同，请仿照本任务的模式，编写一个计算图形面积的"工具包"，编程调用工具包中的函数，计算两个复合图形的面积。

图 2-1 复合图形面积

知识总结 函数与模块

1．函数的定义和使用

Python 中的函数有两类：系统内置函数和自定义函数。系统内置函数是指包含在 Python 语言中的函数，也有两类：

1）Python 内置函数。直接使用（如之前用过的 print、input 等）。

2）Python 标准库中的函数。需使用 import 关键字导入使用，具体如下：

```
import random
num =random.randint(1, 100)
```

用 def 关键字定义的 triangle_area 就是自定义函数，自定义函数的结构如下：

```
def < 函数名 >(< 参数列表 >):
    < 函数体 >
    return< 返回值 >
```

其中：

函数名（name）：可以是任何有效的 Python 标识符。

参数列表（parameters）：调用函数时传递给它的值。需要注意，参数个数应大于等于 0；多个参数由逗号分隔。

函数体（body）：函数被调用时执行的代码，可以是一条或多条语句。

return 语句：结束函数调用，并将结果返回给调用者。return 语句是可选的（可以没有返回值）。

2．函数的参数

函数在调用前必须定义，例如，在函数 A 中调用函数 B，被调用的函数叫"被调函数"；又如上面提到的函数 B，那么函数 A 就是主调函数，函数调用时传递到函数的数据叫"实参"（实际参数，argument），而函数定义时使用的参数叫形参（形式参数，parameter），形参是接收传递到函数的实参的变量。例如，triangle_area 函数按参数排列顺序接收 a、h 的值到 x、y 中，x、y 属于 triangle_area 函数定义时使用的参数，被称为"形参"，而 a、h 被称为实参。

形参和实参之间采用传递的机制，形参的变化不会改变实参，例如：

```
1    def fun1(a):
2        a = a + 1
3        print('a =', a)
4    k = 10
5    print('调用函数前 k=', k)
6    fun1(k)
7    print('调用函数后 k=', k)
```

运行以上代码，会发现调用函数 fun1 前后 k 的值并没有发生变化。

任务 1 中 triangle_area 函数有两个参数，当函数有多个参数时，给函数传参数要按顺序，例如，定义这样一个函数：

```
def show_info(name, age, career):
    print(" 姓名：",name," 年龄：",age," 职业：",career)
```

在调用函数时传递的两个参数应该是姓名在前，年龄在后，如果位置错了就会出问题，例如：

```
>>> def show_info(name, age, career):
        print(" 姓名： ", name, " 年龄： ", age, " 职业： ", career)
    show_info(20, 'Tom', 'Teacher')
 姓名：20 年龄：Tom 职业：Teacher
```

如果不想严格按顺序传递参数，则可以用关键字参数，只需指定参数名即可（指定了参数名的参数就叫关键字参数），但是关键字参数必须放在位置参数（以位置顺序确定对应关系的参数）之后。

```
1  def show_info(name, age, career):
2      print(" 姓名： ",name," 年龄： ",age," 职业： ",career)
3  show_info("Tom", career="Teacher", age=28)
```

在调用时用了形参变量名 = 值的关键字参数，即使参数顺序不是按照函数定义顺序也不会出错。但有以下几点要特别注意：

1）如果位置参数和关键字参数混合使用，位置参数必须在前面，然后才是关键字参数。例如，刚才的代码中，如果写 show_info(name = " Tom", "Teacher", age = 20) 就不对了。

2）不能给一个形参重复传值，例如，show_info("Tom", 20, "Teacher", age = 20) 相当于给 age 赋值了 2 次，会出错。

前面说过，函数参数的个数大于等于 0，也就是说函数可以没有参数，例如：

```
1  def say_hello():
2      print('hello')
3  say_hello()
```

需要注意，当调用一个没有参数的函数时不要忘了函数名后面的括号。

3．全局变量与局部变量

简单地说，在函数内部定义的变量的使用范围仅限于函数内部，被称为局部变量，而不属于任何函数的变量就是全局变量，想要形象地理解全局变量和局部变量有一个简单的判断方法，那就是变量的作用范围由缩进格式标志的代码块确定，在一个代码块声明的变量仅限于本（级）代码块使用。

4．函数返回值

triangle_area 函数中 return 后面的叫"返回值"。函数在执行过程中只要遇到 return 语句，就会停止执行并返回结果，也可以理解为 return 语句代表着函数的结束。如果未在函数中指定返回值，那这个函数并非没有返回值，而是它的返回值为 None。

空值 None：

Python 有一个特殊类型 NoneType，它只有一个值：None（None 必须首字母大写），如图 2-2 所示。NoneType 类似于 C 语言中的 void，None 和 C 语言的 NULL 非常相似。

```
>>> type(None)
<class 'NoneType'>
>>> type(none)
Traceback (most recent call last):
  File "<pyshell>", line 1, in <module>
NameError: name 'none' is not defined
```

图 2-2 None 值的类型

那么 None 值一般用在哪儿呢？如果希望变量中存储的东西不与一个真正的值混淆，None 值就可能有用。例如，编写一个程序，要初始化一个用户信息，需要填上姓名、年龄、身高、体重等，这些信息是让用户填的，在填之前，要先把变量定义好，这个值用 0、1 来占位不合适，用 True、False 也不合适，用 None 最合适，例如：

1	name = None
2	age = None
3	height = None
4	weight = None
5	if name is None:
6	name = input(' 你还没有起名，请输入你的名字：')

5．模块的导入

Python 中模块分为三种：

1）标准模块（又称标准库），是指 Python 官方内置的一些模块，安装 Python 的时候，就已经把这些库集成到计算机本地，可以直接导入使用。

2）第三方开源模块，可通过 pip install 模块名联网安装。

3）自定义模块。

在一个程序中使用模块时必须把它导入，导入的方式有如下几种：

（1）import module_name

通过这种方式导入模块后，调用其中的函数需要用 module_name.function_name 的方式，例如：

```
import math
math.sin(45)
```

（2）from module_name import function_name1,function_name12,etc

这种方式只从模块中导入所需函数，可以导入一个或多个函数，例如：

```
from random import randint
num = randint(1,100)
```

（3）from module_name import *

导入模块中的全部函数，模块比较小时可以使用，例如：

```
from area_fun import *
quit_programe()
```

项目拓展　求复杂图形的面积

项目目标：

能够使用函数将复杂任务分解成简单任务，完成一个复杂图形面积的计算。

项目要求：

已知图 2-3 中图形各点的坐标分别为：

A：(1, 1)

B：(2, 5)

C：(3.5, 3)

D：(4, 1)

E：(6, 3)

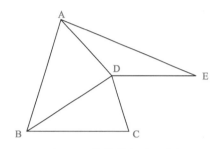

图 2-3　计算复杂图形面积

请编写程序计算出图形 ABCDE 的面积。

提示：

1) 已知两点坐标分别为 (x_1, y_1) 和 (x_2, y_2)，两点之间的距离为：$\sqrt{(x_2-x_1)^2+(y_2-y_1)^2}$。

2) 已知三角形三边长分别为 a、b 和 c，$p=\dfrac{a+b+c}{2}$，三角形的面积 $s=\sqrt{(p-a)(p-b)(p-c)}$。

润物无声　代码规范

在 Python 编程中，如果不遵守 Python 语言的规定，程序运行时就会报错，这个规定叫作规则。但是有一种规定是人为的、约定俗成的，即使不按照这种规定也不会出错，这种规定就叫作规范。

代码规范化有很多好处，例如，规范的代码可以促进团队合作，一个项目大多都是由一个团队来完成，统一的风格使得代码可读性大大提高。规范的代码可以减少 bug 处理，降低维护成本，有助于代码审查。养成代码规范的习惯，有助于程序员自身的成长。

想要成为一个高水平的程序员，养成良好的开发习惯是必需的。不要沉迷于表面的得失，看似无用的东西，当经过缓慢的累积，由量变达到质变的时候，才能感受到其价值所在。

Project 3

项目3
开发一个面积计算器

项目介绍

开发一个面积计算器,可以计算三角形、矩形、圆形面积,并可随时查看已输入的图形参数和面积。采取菜单驱动的方式,在屏幕上显示一个功能列表,用户可以输入相应的代码选择功能。菜单共包含5项,分别是:计算三角形面积、计算矩形面积、计算圆形面积、浏览数据和退出程序。使用函数完成菜单功能,每个菜单项对应一个功能。

学习目标

1. 掌握Python程序中的选择结构
2. 掌握Python程序中的循环结构
3. 掌握列表的定义与使用

项目3 开发一个面积计算器

任务 1 设计菜单

任务描述

项目 2 中定义和使用了自定义函数完成了三角形面积的计算,下面这个项目要完成面积计算器仍然会用到自定义函数,但是首要任务是完成面积计算器菜单的设计。为了完成这个任务,要使用选择结构,通过用户的输入选择相应的图形进行面积计算。

程序打印出一个界面,列出 5 个功能,用户输入所需要的功能编号,程序调用相应的函数,目前编写的功能函数并不提供实质性的功能,只是打印功能的提示信息,后面再逐个完善函数的功能,就得到一个具有完整功能的程序了。

要完成的菜单如图 3-1 所示。

```
>>> %Run area.py
 --欢迎使用本程序--
 1.计算三角形面积
 2.计算矩形面积
 3.计算圆形面积
 4.查看记录
 5.退出程序
 请输入所需功能编号：1
 计算三角形面积
```

图 3-1 面积计算器的菜单

任务实施

使用选择结构完成面积计算器菜单的程序代码如下:

```
1   choice = 0
2   menu_str = '-- 欢迎使用本程序 --'
3   menu_str += '\n1. 计算三角形面积 '
4   menu_str += '\n2. 计算矩形面积 '
5   menu_str += '\n3. 计算圆形面积 '
6   menu_str += '\n4. 查看记录 '
7   menu_str += '\n5. 退出程序 '
8
9   def cal_triangle():
10      print(' 计算三角形面积 ')
11
12  def cal_rectangle():
```

```
13        print(' 计算矩形面积 ')
14
15  def cal_circle():
16        print(' 计算圆形面积 ')
17
18  def view_history():
19        print(' 查看记录 ')
20
21  def quit_program():
22        print(' 退出程序 ')
23
24  print(menu_str)
25  choice = int(input(' 请输入所需功能编号：'))
26  if choice == 1:
27        cal_triangle()
28  elif choice == 2:
29        cal_rectangle()
30  elif choice == 3:
31        cal_circle()
32  elif choice == 4:
33        view_history()
34  elif choice == 5:
35        quit_program()
36  else:
37        print(' 错误：无效的选项 ')
```

代码解析

- 第 1 行：定义了一个变量 choice 用于接收用户对功能的选择。
- 第 2～7 行：利用了 "+=" 定义了菜单文字，其中的 "\n" 是转义字符表达 "换行"，使每个菜单项都占据一个新行。
- 第 9～22 行：对应 5 个菜单功能，定义了 5 个函数。
- 第 24 行：输出整个菜单。
- 第 25 行：读入用户的菜单选项。
- 第 26～37 行：利用一组 if…elif 判断用户的选择，调用相应的功能函数完成功能。

程序有几个不完善的地方，首先这个程序的功能输入只能进行一次，不满足"能够多次输入图形参数并求面积"的需求。另外还是希望将函数写到另一个文件中，这样保持主程序的简洁。所以在完成任务 1 的基础上继续开发。

需要注意的是,先用简单的语句和函数搭建完整和简单的程序,然后逐渐完善,这种开发方式被称为"迭代增量"的开发方式。通俗的说,这种方式的特点是快速提出一个简单的版本,让开发者(和用户)对目标快速地产生一个完整架构的印象,然后在此架构下不断完善,这非常易于激发开发者和用户的思路,找出某些不足,对目标进行建议、开发、调试、测试和更改。但是每次完善,程序都有完整的功能(可运行、可结束),每次开发完成的程序都是下一次开发程序的起点。而每个新版本都是上一个版本的提高,故名迭代增量。其实,迭代增量的思想很简单:开发程序不是书法,书法需要一笔贯通不能修改,程序开发就是雕塑,从一个框架开始就是"作品",然后不断完善"作品"。

任务 2 完成连续输入功能

任务描述

本任务是实现用户不间断的输入选择,直至输入 5 结束运行。在完成这个任务时需要增加循环,通过循环完成不间断的输入选择。

任务实施

程序代码分为"area.py"和"area_fun.py"两个文件,"area.py"是程序的主要结构,"area_fun.py"中存放计算面积等相关函数。

area.py:

```
1   from area_fun import *
2   choice = 0
3   menu_str = '-- 欢迎使用本程序 --'
4   menu_str += '\n1. 计算三角形面积 '
5   menu_str += '\n2. 计算矩形面积 '
6   menu_str += '\n3. 计算圆形面积 '
7   menu_str += '\n4. 查看记录 '
8   menu_str += '\n5. 退出程序 '
9
10  while choice != 5:
11      print(menu_str)
```

```
12      choice = int(input(' 请输入所需功能编号：'))
13      if choice == 1:
14          cal_triangle()
15      elif choice == 2:
16          cal_rectangle()
17      elif choice == 3:
18          cal_circle()
19      elif choice == 4:
20          view_history()
21      elif choice == 5:
22          quit_program()
23      else:
24          print(' 错误：无效的选项 ')
```

area_fun.py：

```
1   def cal_triangle():
2       print(' 计算三角形面积 ')
3
4   def cal_rectangle():
5       print(' 计算矩形面积 ')
6
7   def cal_circle():
8       print(' 计算圆形面积 ')
9
10  def view_history():
11      print(' 查看记录 ')
12
13  def quit_program():
14      print(' 退出程序 ')
```

代码解析

文件 area.py：

● 第 1 行：从 "area_fun.py" 中导入了所有功能函数。

● 第 10 行：加入了一个 while 循环，包括功能菜单打印输出和选择，循环结束的条件是 choice 的值为 5，while 循环中止后，程序就结束了。

文件 area_fun.py：

● 直接复制了版本 1 中的函数部分，没有对函数功能加以修改。

任务 3 完善计算面积功能

任务描述

在任务 2 中已经完成了整个面积计算器的框架结构,下面要实现各个函数的功能,接下来并不需要修改 "area.py" 中的框架部分,而是完成 "area_fun.py" 中定义的各个求面积的函数就行了。

任务实施

"area_fun.py" 中完成的函数如下:

1. 计算三角形面积的程序代码

```
1   def cal_triangle():
2       '''
3       本函数通过海伦公式计算三角形面积
4       要求用户输入三角形三边长后,首先判断三边长是否符合构成三角形条件
5       然后再计算面积,输出结果
6       '''
7       print('计算三角形面积')
8       a = 0  # 为简单起见,定义三条边为整型
9       b = 0
10      c = 0
11      s = 0.0
12      a = int(input('请输入三角形边长 a:'))
13      b = int(input('请输入三角形边长 b:'))
14      c = int(input('请输入三角形边长 c:'))
15      if a + b > c and b + c > a and c + a > b:
16          p = (a + b + c) / 2
17          s = (p * (p - a) * (p - b) * (p - c)) ** 0.5
18          print('三角形面积为:', s)
19      else:
20          print('输入参数有误!')
```

这个函数是通过海伦公式计算三角形面积，首先要求用户输入三角形三边长，然后用 if 语句判断三边长是否符合构成三角形的条件：两边之和大于第三边。如果符合条件，则计算面积并输出结果；如果不符合条件，则输出提示信息。

2．计算矩形面积的程序代码

```
1   def cal_rectangle():
2       '''
3       本函数计算矩形面积
4       要求用户输入矩形两边长后
5       计算面积，输出结果
6       '''
7       print(' 计算矩形面积 ')
8       a = 0 # 为简单起见，定义矩形边长为整型
9       b = 0
10      s = 0.0
11      a = int(input(' 请输入矩形边长 a：'))
12      b = int(input(' 请输入矩形边长 b：'))
13      s = a * b
14      print(' 矩形面积为：', s)
```

3．计算圆形面积的程序代码

```
1   def cal_circle():
2       '''
3       本函数计算矩形面积
4       要求用户输入矩形两边长后
5       计算面积，输出结果
6       '''
7       print(' 计算圆形面积 ')
8       PI = 3.14
9       r = 0 # 为简单起见，定义圆形半径为整型
10      s = 0.0
11      r = int(input(' 请输入圆形半径：'))
12      s = PI * r ** 2
13      print(' 圆形面积为：', s)
```

本任务完成了与计算面积有关的任务，但是"查看记录"这个功能并没有实现。实现"查看记录"这个功能有一些难度，各个图形的参数和面积都在各个面积计算函数的内部声明，都是局部变量，处理"浏览记录"功能的 view_history 函数没有权利访问它们。那么需要设计一个方案解决这个困难。

任务 4 完成查看记录功能

任务描述

对一个实际应用来说，程序的设计应该考虑三个因素，程序的架构、算法（问题的解决方法）和数据。许多初学者在开发程序时总是侧重于解决方法，其实这种考虑是片面的。

软件开发领域有个著名的公式：程序＝算法＋数据结构，这个公式不但说明了程序是算法和数据的结合体，更说明了在程序目标不变的情况下，若采用"好"的数据结构，算法就可以变得简单一些。反之，采用了不恰当的数据结构，算法就会变得复杂。所以数据及其组织形式与算法一样，也需要精心设计。

在本任务中，将各个图形的参数和面积都声明成局部变量，可以减少各函数间数据的交换，从而简化开发。但是这为在每个函数中记录每个图形的参数和面积带来了困难，所以将采用一个新的数据结构——列表来解决这个困难。

任务实施

"area.py"中完成的代码如下：

```
1   from area_fun import *
2   choice = 0
3   lst_shape = []
4   menu_str = '-- 欢迎使用本程序 --'
5   menu_str += '\n1. 计算三角形面积 '
6   menu_str += '\n2. 计算矩形面积 '
7   menu_str += '\n3. 计算圆形面积 '
8   menu_str += '\n4. 查看记录 '
9   menu_str += '\n5. 退出程序 '
10
11  while choice != 5:
12      print(menu_str)
13      choice = int(input(' 请输入所需功能编号：'))
14      if choice == 1:
15          cal_triangle(lst_shape)
16      elif choice == 2:
```

```
17          cal_rectangle(lst_shape)
18      elif choice == 3:
19          cal_circle(lst_shape)
20      elif choice == 4:
21          view_history(lst_shape)
22      elif choice == 5:
23          quit_program()
24      else:
25          print(' 错误：无效的选项 ')
```

"area_fun.py"中完成的代码如下：

```
1   def cal_triangle(lst_shape):
2       '''
3       本函数通过海伦公式计算三角形面积
4       要求用户输入三角形三边长后，首先判断三边长是否符合构成三角形条件
5       然后计算面积，输出结果，并将参数追加到列表 lst_shape 中
6       '''
7       print(' 计算三角形面积 ')
8       a = 0 # 为简单起见，定义三条边为整型
9       b = 0
10      c = 0
11      s = 0.0
12      a = int(input(' 请输入三角形边长 a：'))
13      b = int(input(' 请输入三角形边长 b：'))
14      c = int(input(' 请输入三角形边长 c：'))
15      if a + b > c and b + c > a and c + a > b:
16          p = (a + b + c) / 2
17          s = (p * (p - a) * (p - b) * (p - c)) ** 0.5
18          print(' 三角形面积为：', s)
19      else:
20          print(' 输入参数有误！ ')
21      lst_shape.append([' 计算三角形面积，边长为：', a, b, c, ' 面积为：', s])
22
23  def cal_rectangle(lst_shape):
24      '''
25      本函数计算矩形面积
26      要求用户输入矩形两边长后
27      计算面积，输出结果，并将参数追加到列表 lst_shape 中
28      '''
29      print(' 计算矩形面积 ')
```

```
30      a = 0 # 为简单起见,定义矩形边长为整型
31      b = 0
32      s = 0.0
33      a = int(input(' 请输入矩形边长 a：'))
34      b = int(input(' 请输入矩形边长 b：'))
35      s = a * b
36      print(' 矩形面积为：', s)
37      lst_shape.append([' 计算矩形面积,边长为:', a, b, ' 面积为：', s])
38
39  def cal_circle(lst_shape):
40      '''
41      本函数计算矩形面积
42      要求用户输入矩形两边长后
43      计算面积,输出结果,并将参数追加到列表 lst_shape 中
44      '''
45      print(' 计算圆形面积 ')
46      PI = 3.14
47      r = 0 # 为简单起见,定义圆形半径为整型
48      s = 0.0
49      r = int(input(' 请输入圆形半径：'))
50      s = PI * r ** 2
51      print(' 圆形面积为：', s)
52      lst_shape.append([' 计算圆形面积,半径为:', r, ' 面积为：', s])
53
54  def view_history():
55      print(' 查看记录 ')
56      for item in lst_shape:
57          print(item)
58
59  def quit_program():
60      print(' 退出程序 ')
```

代码解析

文件 area.py：

● 第 3 行：增加了一个声明，lst_shape=[] 的含义是声明一个名为"lst_shape"的列表，"[ ]"表示当前列表为空。列表是 Python 语言提供的一种数据结构，它是一个线性集合，可以将任何类型的元素（各元素类型也可以不同）动态加入这个集合，这样就比传统语言的数组要方便得多。

● 第 15、17、19 行：调用各图形的面积计算函数时，都将列表名称 lst_shape 作为参数传递给函数，由面积计算函数将数据添加到列表中。

- 第21行：调用 view_history 函数浏览各图形的参数和面积时也将 lst_shape 作为参数传递给函数，view_history 函数将遍历列表，打印出各图形的参数和面积。

文件 area_fun.py：

- 在每个计算面积函数的最后增加了一行形如"lst_shape.append([…])"的语句，这句话的含义是向列表"lst_shape"的尾部添加（append）新的元素，前面提到的列表的元素可以是任意类型，其各元素的类型也可以不同。那么，本任务完成时就运用这个便利之处，以三角形面积计算函数中的"参数添加"语句为例：lst_shape.append(['计算三角形面积，边长为：', a, b, c, '面积为：', s]) 分为两个步骤执行：

① 利用三角形的参数和面积构建了有6个元素的新列表，第1个元素是字符串'计算三角形面积，边长为：'，第2、3、4个元素分别是三角形的边长a、b、c，第5个元素是字符串'面积为:'，第6个元素是面积值s。这6个拥有不同类型的元素组成了一个新的"匿名"列表。

② 将上述匿名列表添加到"lst_shape"列表的尾部，可以看到，此处向"lst_shape"列表添加的新元素都是"列表"。

- 第55、56行：利用 for 循环遍历 lst_shape 列表，并打印遍历到的元素。

至此，通过4个迭代的任务完成了所有的项目需求。

本项目通过4个任务已经完成了需要的功能，读者还可以思考一下，这个案例中计算面积的函数完成了获取输入、计算、输出和记录数据的全部功能，主程序只需调用函数即可。还可以把计算面积函数简化成接收参数，完成计算，返回结果，而获取输入、输出和记录数据功能放到主程序中或另外定义函数完成。这两种方法哪种更好一些呢？读者可以尝试一下。

对于这个项目的实施，尤其需要注意的是开发过程，本次开发并没有"一步到位"，而是从一个"骨架"版本分4次逐步迭代，过渡到"较为完善"的版本，这种开发方法目标明确，易于掌控。

另外，案例中数据、程序框架与算法之间存在两个关系，一个是结构与算法的接口，另一个是数据的接口，应该仔细体会其设计方式，总体来说，现代的程序是由各部件组合而成的，各部件组合的规则应该是"高内聚、低耦合"。

知识总结 选择结构、循环结构、列表

1. 选择结构的使用

当程序需要做出决策时，最简单的办法就是使用选择结构。比如一个购物APP，每周三会有8折的优惠，那么在购物结算程序就需要做出决策，如果日期是星期三，就按8折进行结算，否则就按正常价格结算。可以用流程图来表示这个选择结构，如图3-2所示。

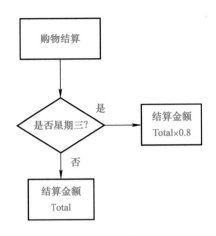

图 3-2　选择结构流程图

Python 中用 if 语句来实现选择，if 语句有三种形式：
（1）标准的 if

```
if 条件表达式：
    语句块
```

在 if 语句中，条件表达式用来确定程序的流程，若条件表达式为真，即条件表达式计算结果为"非 0"或是布尔值"True"，则执行语句块 X。要注意条件表达式 A 后面的冒号":"和语句块的缩进格式。

标准 if 的示例：

```
if x < 0:
    print('x 是负数')
```

（2）if-else 结构

if 语句的第二种形式是选择执行，有两种可能性，if 条件决定执行哪一个，上面购物折扣的例子就属于这种情况，if-else 的格式为：

```
if 条件表达式：
    语句块 1
else：
    语句块 2
```

在 if-else 结构中，若条件表达式为真，则执行语句块 1，否则执行语句块 2。
if-else 的示例：

```
if x %2 == 0:
    print('x 是偶数')
else:
    print('x 是奇数')
```

编写 if-else 语句时需要注意缩进规则：

1）if 和 else 语句对齐。

2）if 和 else 语句后面分别跟着一个语句块，缩进一致。

（3）if-elif-else 结构

当可能性超过两种时，可以使用 if-elif-else 来实现多重分支的选择，它的格式是：

```
if 条件表达式 A：
    语句块 1
elif 条件表达式 B：
    语句块 2
…更多 elif…
else：
    语句块 n
```

在 if-elif-else 结构中，只有一个分支会执行。程序运行时会从 if 开始依次检查条件，如果第一个是 False，则检查下一个，以此类推。如果有一个条件为 True，则执行相应的分支，整个语句结束。

在使用 if-elif-else 结构时请注意以下几点：

1）elif 的数量没有限制。

2）可以没有 else 语句，如果有 else 必须放在最后。

3）即使有多个分支的条件为真，也只有第一个为真的分支会运行。

4）注意 if-elif-else 语句的对齐与缩进：if、elif、else 都是对齐的。每个条件执行的语句块都要有同样的缩进。

条件判断可以再嵌套条件判断，例如：

```
if x == y:
    print('x 与 y 相等 ')
else:
    if x < y:
        print('x 小于 y')
    else:
        print('x 大于 y')
```

嵌套条件语句随着嵌套层数增多会变得难以阅读，应该尽量避免。

2．布尔表达式

if 语句中的条件表达式称为布尔表达式（Boolean Expression），布尔表达式的值是一个特殊的数据类型：布尔类型。布尔类型的值只有两种，True 和 False，当条件成立时，结果为 True，表示"真"；条件不成立时，结果为 False，表示"假"。注意，True 和 False 的第一个字母应该大写。

3．关系表达式

关系表达式用关系运算符（Relational Operator）来判定两个数值之间是否存在某种特定的关系，Python 中的关系运算符见表 3-1。

表 3-1 Python 中的关系运算符

运算符	含义
>	大于
<	小于
>=	大于或等于
<=	小于或等于
==	等于
!=	不等于

示例：

变量 battery_level 保存了手机电池的电量，变量 indicator_light 保存了电量标识的颜色，如果电池的电量大于等于 20%，电量标识为绿色；小于 20% 但大于 10% 为橙色；小于等于 10% 为红色，以下代码模拟了这个过程。

```
if battery_level >= 20:
    indicator_light = 'green'
elif battery_level > 10:
    indicator_light = 'orange'
else:
    indicator_light = 'red'
```

4．逻辑运算符

用一个关系运算符可以表达两个值（表达式）的关系，但有时会有更复杂的关系需要表达，如本项目中使用海伦公式计算三角形面积，需要首先判断输入的三角形三边长度是否能构成一个三角形，即是否满足两边之和大于第三边。假设三边长度为 a、b、c，那么需要 a+b>c、a+c>b、b+c>a 三个条件同时满足，这时就需要用逻辑运算符把它们组合起来，形成一个复合表达式。

逻辑运算有三种：逻辑与运算、逻辑或运算、逻辑非运算。

Python 提供了逻辑与运算符 and、逻辑或运算符 or 和逻辑非运算符 not，逻辑运算规则见表 3-2。

表 3-2　逻辑运算规则

逻辑运算符	表　达　式	值
and	True and False	False
	False and False	False
	True and True	True
or	True or False	True
	False or False	False
	True or True	True
not	not True	False
	not False	True

逻辑运算符常常能够用来简化嵌套条件语句，例如：

```
if x > 0:
    if x < 10:
        print("x 是一位数 ")
```

可以简化为：

```
if x > 0 and x < 10:
    print("x 是一位数 ")
```

Python 还提供了更简洁的写法：

```
if 0 < x < 10:
    print("x 是一位数 ")
```

5．循环结构的使用

（1）while 循环

在 Python 中，可以使用 while 语句来编写条件控制的循环，只要条件为真，条件控制的循环就重复执行一条或一组语句。

while 循环由两部分组成：

1）需要测试的条件。

2）条件为真时，需要执行的语句块。

Python 语言中 while 循环的标准格式：

```
while 条件语句：
    语句块
```

在执行 while 循环时首先测试条件。如果条件为真就执行相关语句。执行结束后，再次启动循环；如果条件为假则退出循环。while 循环的流程图如图 3-3 所示。

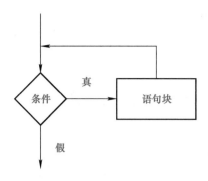

图 3-3 while 循环流程图

while 循环有以下几种使用方式：

1）利用循环变量的方式确定循环次数。

```
i = 1
sum = 0
while i< 10:
    sum += i
i += 1
print("10 以内自然数的和是：", sum)
```

这段程序演示了利用循环变量求 1 至 9 的自然数的和，倒数第 2 行程序 i += 1 使循环趋近于结束。若没有使循环趋近于结束的语句，循环将永远运行下去。

2）循环次数不定，直至表达式为 0 或 Flase。

```
i = 0
j = 2
lst = []
i = int(input(" 请输入一个整数："))
while j < i:
    if i % j == 0:
        lst.append(j)
    j += 1
print(" 因子有：", lst)
```

这段程序演示了输入变量 i 的值以后，求出 i 的所有因子，其特点是循环开始时并不知道循环的次数，一切由条件决定。同样，代码中的倒数第 2 行 j += 1 使循环趋近于结束。

while 循环也称为先测试循环（Pretest Loop）。由于条件测试是在循环开始前进行的，所以如果循环条件为假，循环就一次也不执行。如果希望循环至少执行一次，那么在进入循环之前，需要通过赋值等操作让条件为真。

3）无限循环。一般情况下，循环体内必须有结束循环的操作，如果一个循环没有停下来的方法，就称为无限循环（Infinite Loop）或死循环。除非程序被系统强制中断，否则循环会一直迭代下去。

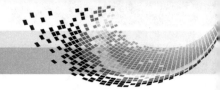

```
while True:
    print(" 无限循环 ")
```

(2) for 循环

在 Python 中，for 循环用来实现计数控制的循环或者对一个序列进行遍历。

1）遍历序列。在 Python 语言中，for 循环用来对一组数据项进行遍历。在执行该循环时，针对一组数据项中的每个数据迭代一次。for 循环的格式如下：

```
for 循环变量 in 序列：
    语句块
```

for 语句的执行过程是将一组数据项中的第一个数据赋值给循环变量，然后执行语句块中的语句。重复这个过程，直到一组数据项中的最后一个数据。

例如：

```
for c in " Python":
    print(c)
```

运行结果为：

```
P
y
t
h
o
n
```

上面代码中的 for 循环执行的过程如图 3-4 所示。

想一想以下代码运行的结果是什么？

```
for num in [1, 3, 5, 7, 9]:
    print(num * num)

for word in ['Python', 'Java', 'C#']:
    print(word)
```

第一次循环：for c in 'Python':
              print(c)
第二次循环：for c in 'Python':
              print(c)
第三次循环：for c in 'Python':
              print(c)
第四次循环：for c in 'Python':
              print(c)
第五次循环：for c in 'Python':
              print(c)
第六次循环：for c in 'Python':
              print(c)

图 3-4 for 循环执行过程

2）计数控制的循环。for 循环通过迭代一个整数序列可以实现计数循环，在 Python 中内置函数 range 用于生成一个整数序列，例如：

```
for num in range(5):
    print(num)
```

运行结果：

```
0
1
2
3
4
```

从这段代码可以看出，range(5) 在从 0 到 5（不包括 5）的范围内生成一组整数，它相当于这条语句：

```
for num in [0, 1, 2, 3, 4]:
    print(num)
```

所以，下面的语句就是把 print('Python') 执行了 5 次。

```
for i in range(5)
    print("Python")
```

运行结果：

```
Python
Python
Python
Python
Python
```

range 函数可以有多个参数，如果像上面那样只有一个参数，那么这个参数就是数据序列的上限值。如果有两个参数，那么第一个参数是起始值，第二个参数是上限值，例如：

```
for num in range(1, 5):
    print(num)
```

运行结果：

```
1
2
3
4
```

默认情况下，range 函数是以每次递增 1 的方法来生成列表中的数据序列，但可以使用第三个参数来控制增量的"步长（step）"，例如：

```
for num in range(1, 11, 2):
    print(num)
```

运行结果：

```
1
3
5
7
9
```

在这个例子中,range 函数的三个参数的含义是:

第 1 个参数 1:是数据序列的初始值。

第 2 个参数 11:是数据序列的上限值,注意,数据序列是不包含这个上限值的。

第 3 个参数 2:是步长,意味着数据序列每次递增 2。

注意:步长可以是负值,试一试 range(10,1,–2) 就明白了。

示例:编写程序输出数据 1 ～ 10 及其平方根列表,如图 3-5 所示。

分析:

1)这个任务可以用一个从 1 处理到 10 的 for 循环来完成。

2)如何生成从 1 到 10 的数据序列?可以使用 range(1,11)。

3)如何对齐数据?使用转义字符 \t。

完成的程序如下:

```
print(" 数据 \t 平方根 ")
print("--------------")
for num in range(1, 11):
    print(f"{num:^4}\t{num ** 0.5:5.3f}")
```

图 3-5　输出数据 1 ～ 10 及其平方根列表

代码解析

● 第 1 行:输出表头,字符串中的 \t 是一个转义字符,它的作用是将输出位置前进到下一个水平制表符位置(一般情况为 8 个字符)。

● 第 2 行:输出横线。

● 第 3 和第 4 行:用一个 for 循环控制输出 10 个数字和它们的平方根值,注意 range (1,11) 表示的范围是 1 ～ 10,print 语句中 \t 的作用和上面一样。

注意:转义字符是一个出现在字符串文本中、以反斜杠(\)开始的特殊字符,它在打印时被视为一个嵌入在字符串中的特殊控制命令。例如,\n 表示将输出位置前进到下一行的起始位置,也就是换行,例如:

```
print("1\n2\n3")
```

运行结果:

```
1
2
3
```

Python 中常用的转义字符见表 3-3。

表 3-3 常用的转义字符

转 义 字 符	输 出 效 果
\n	将输出位置前进到下一行的起始位置（换行）
\t	将输出位置前进到下一个水平制表符位置
\'	打印一个单引号
\"	打印一个双引号
\\	打印一个反斜杠

（3）嵌套循环与循环的中止

1）嵌套循环。一个位于其他循环内部的循环称为嵌套循环（Nested Loop）。时钟是一个体现嵌套循环工作模式的很好的例子。

用程序来模拟一下时钟：

```
for hours in range(24):
    for minutes in range(60):
        for seconds in range(60):
            print(f"{hours}:{minutes}:{seconds}")
```

嵌套循环的特点：

● 对外层循环的每一次迭代，内层循环都要完成全部迭代。例如，时钟程序中分钟循环完成一次迭代，它内层的秒循环要完成 60 次迭代。

● 要想得到嵌套循环的总的迭代次数，需要把每一层循环的迭代次数相乘。因此时钟循环总迭代次数是 24×60×60=86400。

2）中止循环。Python 的循环结构中可以使用 break 和 continue 来中止循环的流程。

break：跳出最内层的循环，脱离该循环后程序从循环代码后继续执行，例如：

```
for s in "Python":
    for i in range(3):
        print(s)
        if s == "t":
            break
```

运行结果：

```
P
P
P
y
y
y
```

```
y
t
h
h
h
o
o
o
n
n
n
```

这段代码中,外层的循环负责依次遍历字符串 "Python" 中的每个字母,内层循环负责将每个遍历的字母打印 3 次,内层循环有个条件语句,如果遇到字母 "t" 则退出内层循环,可以看到程序运行时当内层循环遇到了字母 "t" 就退出了内层循环,回到外层循环继续遍历下一个字母 "h"。

continue:结束当前当次循环,即跳出循环体中下面尚未执行的语句,但不跳出当前循环,例如:

```
for s in "Python":
    if s == 't':
        continue
    print(s)
```

运行结果:

```
P
y
h
o
n
```

这段代码中,循环遍历时遇到 't' 则不再执行下面的 print 语句,因此没有打印 't'。

示例:定义一个 print_star 函数,打印指定行列的"*"。

```
def print_star(m, n):
    for row in range(m):
        for col in range(n):
            print(" *", end = " ")
        print(" ")
print_star(4, 6)
```

运行结果:

```
******
******
******
******
```

分析：

内层 for 循环负责在一行内打印 n 个 "*"，end = " " 的作用是让每次打印出 "*" 之后不换行（print 函数默认会在输出后换行）。

外层 for 循环负责打印 m 行，print(" ") 的作用是每次执行循环语句后打印一个空字符换行，也可以写成 print()。

练一练

参考上述代码，尝试输出以下两种三角形图案：

6．列表

列表是一个按照顺序组织的元素的容器。列表是可变的，其内容可以在程序中进行改变，在添加或删除元素后，列表的大小会自动改变。

（1）创建列表

1）使用 [] 创建列表。创建列表可以直接把列表中的元素按照顺序列出，所有列表元素用方括号（[]）括起来，每个元素直接用逗号分隔，下面的语句创建了一个包含 5 个整数的列表：

```
numbers = [2, 4, 6, 8, 10]
```

语句执行后，numbers 变量将引用列表，如图 3-6 所示。

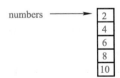

图 3-6 numbers 变量引用列表

列表可以容纳不同类型的元素，下面这个列表中有字符串、整数和浮点数：

```
info = ['abc',2,15.7]
```

可以用 print 函数显示整个列表：

```
info = ["abc", 2, 15.7]
print(info)
```

运行结果：

```
["abc", 2, 15.7]
```

2）使用 list 创建列表。还可以使用 Python 的内置函数 list 将特定类型的对象转换为列表，如前面提到的 range 函数，会返回一个可迭代对象（iterable），下面的语句可以将 range 函数返回的迭代对象转换为一个列表：

```
numbers = list(range(2, 12, 2))
```

这个语句相当于：numbers = [2，4，6，8，10]。

注意：使用 list 函数创建列表时，其参数必须是可迭代的对象，例如：

```
lst_1 = list('Python')
```

如果试图把一个不可迭代的对象，如整数转换成列表就会引发异常，例如：

```
lst_2 = list(3)
```

运行结果如图 3-7 所示。

```
1  lst_2 = list(3)
---------------------------------------------------------------------------
TypeError                                 Traceback (most recent call last)
<ipython-input-26-4ce7abba51a3> in <module>
----> 1 lst_2 = list(3)

TypeError: 'int' object is not iterable
```

图 3-7　把整数转换成列表时引发异常

（2）列表运算

列表支持两个运算符：* 和 +。* 本来是表示乘法的算术运算符，但当 * 的左侧操作数是一个序列并且右侧操作数是一个整数时，它就变成重复运算符。重复运算符会复制一个序列的多个副本并将它们连接在一起。一般格式为：list * n，其中 list 是列表，n 是整数，下面来看两个例子：

```
scores = [80] * 5
print(scores)
```

运行结果：

```
[80, 80, 80, 80, 80]
lst = ["a", "b", "c"] * 3
print(lst)
```

运行结果：

['a', 'b', 'c', 'a', 'b', 'c', 'a', 'b', 'c']

Python 中可以使用 + 运算符连接两个列表，例如：

numbers = [1,3,5,7] + [2,4,6,8]
print(numbers)

运行结果：

[1, 3, 5, 7, 2, 4, 6, 8]

注意：列表只能与列表连接，如果尝试将列表与一个非列表连接，则会引发异常。

例如：

lst = [1,2,3] + 4

运行结果如图 3-8 所示。

```
1  lst = [1,2,3] + 4
---------------------------------------------------------------------------
TypeError                                 Traceback (most recent call last)
<ipython-input-31-64012eab1a82> in <module>
----> 1 lst = [1,2,3] + 4

TypeError: can only concatenate list (not "int") to list
```

图 3-8　将列表与一个非列表连接引发异常

（3）访问列表

列表是一个有序的元素集合，其中每个元素都有一个指定其在列表中的位置的索引。索引从 0 开始。访问列表中单个元素的方法是通过下标运算符（[]）使用索引来访问，如 numbers[1]，如图 3-9 所示。

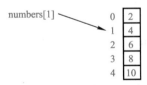

图 3-9　使用索引访问列表元素

numbers[1] 的含义是访问列表 numbers 的索引为 1 的元素，也就是第二个元素。

Python 还支持使用负索引来标识相对于列表末尾的元素的位置。-1 标识最后一个元素，-2 标识倒数第二个元素等，例如：

numbers = [2, 4, 6, 8, 10]
Print(f" 列表 numbers 的最后一个元素是 {numbers[-1]}。")
Print(f" 列表 numbers 的倒数第二个元素是 {numbers[-2]}。")

运行结果：

列表 numbers 的最后一个元素是 10。
列表 numbers 的倒数第二个元素是 8。

使用索引时需要特别注意无效索引，它会引发一个 IndexError 异常，例如：

```
numbers = [2, 4, 6, 8, 10]
print(numbers[5])
```

运行结果如图 3-10 所示。

```
1  numbers = [2, 4, 6, 8, 10]
2  print(numbers[5])
---------------------------------------------------------------------------
IndexError                                Traceback (most recent call last)
<ipython-input-34-e2bed942fa5f> in <module>
      1 numbers = [2, 4, 6, 8, 10]
----> 2 print(numbers[5])

IndexError: list index out of range
```

图 3-10　无效索引引发 IndexError 异常

列表 numbers 中有 5 个元素，索引为 0、1、2、3、4，因此程序试图访问 numbers[5] 时引发了 IndexError 异常。

Python 的内置函数 len 用于返回一个序列的长度，如列表。

（4）列表操作

1）追加元素。前面提到列表是可变的，如果想要向一个已有的列表末尾追加元素，可以使用列表方法 append，例如：

```
numbers = [2, 4, 6, 8, 10]
numbers.append(12)
print(numbers)
```

运行结果：

```
[2, 4, 6, 8, 10, 12]
```

2）插入元素。append 方法只能把元素添加到列表的末尾，如果想要把元素添加到指定位置，就需要使用列表方法 insert，例如：

```
numbers = [2, 4, 6, 8, 10]
numbers.insert(1, 3)
print(numbers)
```

运行结果：

```
[2, 3, 4, 6, 8, 10]
```

从上面的代码中可以看出，insert 方法有两个参数，第一个是指定插入元素的位置，第二个是要插入元素的值。上面的代码就是把整数 3 插入到列表的索引 1 位置，列表中索引 1 之后的元素依次向后移动。

3）修改元素。如果想要修改列表中的某个元素，可以使用赋值语句为列表中的元素赋值，例如：

```
numbers = [2, 4, 6, 8, 10]
numbers[0] = ('two')
print(numbers)
```

运行结果：

```
['two', 4, 6, 8, 10]
```

4）删除元素。

① pop 方法。列表方法 pop 用来删除列表中指定位置的元素，例如：

```
numbers = [2, 4, 6, 8, 10]
numbers.pop(2)
print(numbers)
```

运行结果：

```
[2, 4, 8, 10]
```

需要注意，使用 pop 方法从列表中删除元素的同时会把元素返回，例如：

```
numbers = [2, 4, 6, 8, 10]
num = numbers.pop(2)
print(f" 从列表删除的元素是 {num}")
```

运行结果：

```
从列表删除的元素是 6
```

② remove 方法。列表方法 remove 按照值来从列表中删除元素，例如：

```
numbers = [2, 4, 6, 8, 10]
numbers.remove(2)
print(numbers)
```

运行结果：

```
[2, 4, 8, 10]
```

上面的代码从列表 numbers 中删除了值为 2 的元素，注意，如果用 remove 方法删除的值在列表中不存在时会引发异常，例如：

```
numbers = [2, 4, 6, 8, 10]
numbers.remove(3)
print(numbers)
```

运行结果如图 3-11 所示。

```
1  numbers = [2, 4, 6, 8, 10]
2  numbers.remove(3)
3  print(numbers)
```

```
ValueError                                Traceback (most recent call last)
<ipython-input-43-30ba9ba57bc1> in <module>
      1 numbers = [2, 4, 6, 8, 10]
----> 2 numbers.remove(3)
      3 print(numbers)

ValueError: list.remove(x): x not in list
```

图 3-11　用 remove 方法删除的值在列表中不存在时会引发异常

为了避免这种异常，可以在 remove 前使用 in 运算符判断元素是否存在，例如：

```
numbers = [2, 4, 6, 8, 10]
if 3 in numbers:
    numbers.remove(3)
print(numbers)
```

5）查找元素。in 运算符可以判断元素在列表种是否存在，如果想要知道元素在列表中的具体位置，可以使用 index 方法，例如：

```
numbers = [2, 4, 6, 8, 10]
numbers.index(8)
```

运行结果：

```
3
```

index 方法会返回所查找到元素第一次出现的索引，如果要查找的元素不在列表中，会引发异常。

6）列表排序。列表方法 sort 用于重新对列表中的元素进行排序，使它们按升序排列（从最低值到最高值）。例如：

```
lst = [9, 3, 6, 7, 1, 8]
lst.sort()
print(lst)
```

运行结果：

```
[1, 3, 6, 7, 8, 9]
```

如果想要降序排列，可以给 sort 方法传递一个参数 reverse（True 为升序，False 为降序），例如：

```
lst = [9, 3, 6, 7, 1, 8]
lst.sort(reverse = True)
print(lst)
```

运行结果：

```
[9, 8, 7, 6, 3, 1]
```

列表还有一个 reverse 方法可以简单地反转列表中元素的顺序，例如：

```
lst = [9, 3, 6, 7, 1, 8]
lst.reverse()
print(lst)
```

运行结果：

```
[8, 1, 7, 6, 3, 9]
```

7）列表切片。切片（slice）是从一个序列中取出的一组元素，列表切片使用表达式：list_name[start : end]。

其中，start 是切片的起始元素的索引，end 是标记切片结尾的索引，冒号（:）是切片运算符。表达式返回一个包含了 start 开始直到 end（但不包括）的元素副本。

例如，对列表 days 从索引 2 开始到索引 5（不包括 5）切片，得到的是列表中索引为 2、3、4 的三个元素组成的列表。

```
days = ['一','二','三','四','五','六','日']
days[2:5]
```

运行结果：

```
['三','四','五']
```

如果切片表达式中 start 索引为空，Python 会使用 0 作为起始索引，也就是从第一个元素开始切片。如果切片表达式中 end 索引为空，Python 会使用列表的长度作为结束索引，也就是到最后一个元素为止。

```
days = ['一','二','三','四','五','六','日']
days[:3]
days[2:]
```

运行结果：

```
['一','二','三']
['三','四','五','六','日']
```

如果切片表达式中 start 和 end 索引都为空，则会得到整个列表的一个副本：

```
days = ['一','二','三','四','五','六','日']
days[:]
```

运行结果：

```
['一','二','三','四','五','六','日']
```

切片表达式还可以像 range 函数那样设置步长值：

```
days = ['一','二','三','四','五','六','日']
days[1:6:2]
```

运行结果：

```
['二','四','六']
```

还可以在切片表达式中使用负数作为索引，表示相对于列表末尾的位置：

```
days = ['一','二','三','四','五','六','日']
days[-5:]
```

运行结果：

```
['三','四','五','六','日']
```

需要注意，无效的索引不会使得切片表达式引发异常，如果 end 索引指定的位置超出了列表末尾位置，将使用列表长度进行代替：

```
days = ['一','二','三','四','五','六','日']
days[1:8]
```

运行结果：

```
['二','三','四','五','六','日']
```

如果 start 索引比 end 索引大，切片表达式将返回一个空列表：

```
days = ['一','二','三','四','五','六','日']
days[3:2]
```

运行结果：

```
[]
```

切片表达式的语法总结见表 3-4。

表 3-4 切片语法

切片语法	含义
list[start:end]	得到一个从列表索引 start 到索引 end−1 的所有元素
list[:]	得到一个和 list 一样的新列表
list[start:]	得到一个从 list[start] 到列表末尾的所有元素
list[:end]	得到一个从列表开始到索引 end−1 的所有元素

8）复制列表。在 Python 中，将一个变量赋值给另一个变量，只是使两个变量引用内存中的同一个对象，如图 3-12 所示。

图 3-12　赋值使两个变量引用内存中的同一个对象

```
numbers = [2,4,6,8,10]
lst_num = numbers
print('numbers:',numbers)
print('lst_num:',lst_num)
```

运行结果：

```
numbers: [2, 4, 6, 8, 10]
lst_num: [2, 4, 6, 8, 10]
```

```
numbers = [2,4,6,8,10]
lst_num = numbers
numbers[0] = 0
print('numbers:',numbers)
print('lst_num:',lst_num)
```

运行结果：

```
numbers: [0, 4, 6, 8, 10]
lst_num: [0, 4, 6, 8, 10]
```

可以看出，numbers 和 lst_num 变量引用了内存中的同一个列表。如果想要复制一个列表的副本，numbers 和 lst_num 必须引用两个独立但相同的列表，一种方法是使用 list 函数来复制列表：

```
numbers = [2,4,6,8,10]
lst_num = list(numbers)
numbers[0] = 0
print('numbers:',numbers)
print('lst_num:',lst_num)
```

运行结果：

```
numbers: [0, 4, 6, 8, 10]
lst_num: [2, 4, 6, 8, 10]
```

还有更加简单的方法，例如，将 numbers 和空列表连接，并将结果分配给 lst_num：

```
numbers = [2,4,6,8,10]
lst_num = [] + numbers
```

```
numbers[0] = 0
print('numbers:',numbers)
print('lst_num:',lst_num)
```

运行结果：

```
numbers：[0, 4, 6, 8, 10]
lst_num：[2, 4, 6, 8, 10]
```

或者将 numbers 列表切片，取出全部元素赋值给 lst_num：

```
numbers = [2,4,6,8,10]
lst_num = numbers[:]
numbers[0] = 0
print('numbers:',numbers)
print('lst_num:',lst_num)
```

运行结果：

```
numbers：[0, 4, 6, 8, 10]
lst_num：[2, 4, 6, 8, 10]
```

列表常用方法小结：

Python 为列表提供了很多方法，用于在列表中添加、删除、更改元素，排序，求极值等。常用的列表方法见表 3-5。

表 3-5 常用的列表方法

方 法	描 述
list.append(item)	将 item 添加到列表末尾
list.index(item)	返回与 item 值相同的第一个元素的索引。如果没有找到，会引发 ValueError 异常
list.insert(index，item)	将 item 插入到指定的 index 位置
list.sort()	排序列表中元素使其按照升序排列
list.remove(item)	从列表中移除与 item 值相同的第一个元素。如果没有找到，会引发 ValueError 异常
list.reverse()	反转列表中元素的顺序
min(list)	接受一个序列作为参数，并返回序列中的最小值
max(list)	接受一个序列作为参数，并返回序列中的最大值
len(list)	返回列表中的元素数量
list(sequence)	将可迭代对象 sequence 转换为列表，如果 sequence 是列表则复制列表
sum(list)	返回列表中值的总和（值必须为数值类型）
list.pop(position)	删除列表中指定位置的元素并返回，默认删除最后一个元素

二维列表：当需要存储二维表格结构的数据时，可以使用二维列表。二维列表是将列表作为元素的列表。假设现在有一组学生成绩的数据需要存储，见表 3-6。

表 3-6 学生成绩表

姓　　名	语　　文	数　　学	英　　语
张三	98	99	90
李四	92	96	98
王五	93	94	97
赵六	90	89	96

表格中有四个学生，每个学生有三门课程成绩。可以使用一个具有四行（每个学生）和三列（每门课程成绩）的二维列表来存储这些数据，如图 3-13 所示。

```
      第1门课程成绩   第2门课程成绩   第3门课程成绩
           ↓              ↓              ↓
         第0列          第1列          第2列
第1名学生 → 第0行
第2名学生 → 第1行
第3名学生 → 第2行
第4名学生 → 第3行
```

图 3-13 四行三列的二维列表

创建一个二维列表，将三个学生的三门课成绩存储起来，如图 3-14 所示。

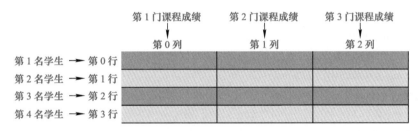

图 3-14 创建一个二维列表

访问二维列表的数据需要用到两个下标，一个对应行，一个对应列。scores 列表中每个元素的下标如图 3-15 所示。

	第0列	第1列	第2列
第0行	scores[0][0]	scores[0][1]	scores[0][2]
第1行	scores[1][0]	scores[1][1]	scores[1][2]
第2行	scores[2][0]	scores[2][1]	scores[2][2]
第3行	scores[3][0]	scores[3][1]	scores[3][2]

图 3-15 scores 列表的元素下标

处理二维列表的程序通常需要嵌套循环来完成，例如，通过下面的代码计算出每名学生的平均分并输出：

```
1   ROWS = 4
2   COLS = 3
3   scores = [
4       [98, 99, 90],
5       [92, 96, 98],
6       [93, 94, 97],
7       [90, 89, 96]
8   ]
9   # 创建学生姓名列表
10  students = [" 张三 "," 李四 "," 王五 "," 赵六 "]
11  # 打印表头
12  print(" 姓名 \t 语文 \t 数学 \t 英语 \t 平均分 ")
13  print("-" * 40)
14
15  for i in range(ROWS):
16      # 打印每行的学生姓名
17      print(f"{students[i]:<8}", end = '')
18      # 打印每行元素并计算每行总和
19      total = 0
20      for j in range(COLS):
21          print(f"{scores[i][j]:<8}", end = '')
22          total += scores[i][j]
23      # 打印平均分并换行
24      print(f"{total/3:5.2f}")
```

练一练

仿照上面的例子,统计每门课程的平均分并输出。

项目拓展 完善面积计算器

项目目标:

针对以下问题完善面积计算器:

1) quit_program 函数只是输出了一句提示语,完全没有必要定义,可以去掉。

2) 查看记录功能的输出结果直接打印了列表,不太美观。

3) 显示菜单功能也可以定义为函数。

项目要求:

针对但不限于上述三个问题,对面积计算器进行完善。

润物无声　工匠精神

　　劳动者的素质对一个国家、一个民族的发展至关重要。不论是传统制造业还是新兴产业，工业经济还是数字经济，工匠始终是产业发展的重要力量，工匠精神始终是创新创业的重要精神源泉。

　　时代发展，需要大国工匠；迈向新征程，需要大力弘扬工匠精神。具体到程序开发中，工匠精神是对自己程序的精雕细琢，是对自己的程序负责。其实，写好程序并没有太高深的学问，很多时候，一个问题没法解决，或程序出现bug，往往是细节没有做好。在编程世界里，永远没有最好，只有更好。应当在有限的范围中，尽力朝着一个能力与时间范围所能企及的目标前进着，这就是程序开发的精益求精的精神。

Project 4

项目4
开发一个万年历

项目介绍

到目前为止,已经学习了Python的变量、表达式、语句,还学习了顺序、选择、循环结构以及函数。

本项目通过开发一个万年历来深入体验软件开发过程,利用所学过的知识完成一个看似复杂的程序。体会一下每个单独的功能是如何组合成一个完善的项目的。

这个项目就是开发一个万年历,用户输入年和月的数字,程序则输出用户指定的月历,例如,输入2019年3月,程序将打印正确的包含星期的月历,运行结果如图4-1所示。

```
请输入年份: 2019
请输入月份: 3
     March 2019
Mo Tu We Th Fr Sa Su
             1  2  3
 4  5  6  7  8  9 10
11 12 13 14 15 16 17
18 19 20 21 22 23 24
25 26 27 28 29 30 31
```

图 4-1 万年历程序运行的结果

可能读者会认为自己的水平不足以开发如此复杂的程序,但其实知识和工具的储备已经足够了。细想一下,开发的困难在于找不到落脚点,而前面说到的"迭代增量"的方法就是先写出一个简单的框架版本,然后在此基础上不断完善,就像在跑马拉松的过程中给自己设置一个个"可达到"的目标。不用考虑如何完成全程,只需考虑如何达到比较近的目标。

学习目标

1. 掌握用f-string进行格式化输出的方法
2. 理解"迭代增量"开发方法
3. 了解版本控制

项目4 开发一个万年历

任务 1 输出版式正确的月历

任务描述

万年历项目开发的第一个目标就是：输出一个版式正确的月历，不需要任何"功能"。

第一阶段可以全部用打印完成，所以比较容易。以后每个阶段都在以前的基础上前进了一小步，但每个阶段都是完整的，每个阶段都有一个令开发者感兴趣的结果。这就是"迭代增量"的含义。开发这个项目时，不需要找一个完整的万年历程序试图"读懂"，而是要尝试并体会项目"生长"的过程。

第一阶段的目标如图 4-2 所示。

```
SUN   MON   TUE   WED   THU   FRI   SAT
 1     2     3     4     5     6     7
 8     9    10    11    12    13    14
15    16    17    18    19    20    21
22    23    24    25    26    27    28
29    30    31
```

图 4-2 万年历项目第一阶段目标

任务实施

利用 print 打印这个"版式"并不难，关键在于需要将所有输出内容组成一个"字符串"。于是就先写以下代码：

```
1  out_str= "SUN MON TUE WED THU FRI SAT"
2  for i in range(1, 32):
3      out_str = out_str + str(i)
4  print(out_str)
```

运行结果如图 4-3 所示。

```
SUN MON TUE WED THU FRI SAT 12345678910111213141516171819202122232425262728293031
```

图 4-3 直接用 print 函数输出月历

从运行结果中可以看到，31 天的数字挤在一起了，想一想，应该在每天的数字间插入空格，然后在每 7 天的数字间插入一个"换行"。插入"换行"可以利用 % 运算，于是程序的代码变成了这样：

```
1  out_str=" SUN MON TUE WED THU FRI SAT "
2  for i in range(1, 32):
3      if i % 7 == 0:
4          out_str = out_str + '\n' + str(i)
5      else:
6          out_str = out_str + ' '+ str(i)
7  print(out_str)
```

运行结果如图 4-4 所示。

```
SUN MON TUE WED THU FRI SAT 1 2 3 4 5 6
 7  8  9  10  11  12  13
14 15 16  17  18  19  20
21 22 23  24  25  26  27
28 29 30  31
```

图 4-4 增加了空格和换行的月历

这个结果显然还是有些问题,没有从"1"就开始第一次换行,这是因为满足条件 i % 7 == 0 的第一个数字是"7",因此还要修改一下,把 for 循环的范围由原来的 1 至 31 改成 0 至 30,然后把每次增加的 i 改为 i+1,代码如下:

```
1  out_str=" SUN MON TUE WED THU FRI SAT "
2  for i in range(31):
3      if i % 7 == 0:
4          out_str = out_str + '\n' + str(i+1)
5      else:
6          out_str = out_str + ' '+ str(i+1)
7  print(out_str)
```

现在很接近目标了,只是输出结果无法对齐,仅依靠程序中字符串加入的空格是很难"对齐"的,这时候就用上字符串的格式化输出的方法了,代码如下:

```
1  out_str=" SUN MON TUE WED THU FRI SAT "
2  for i in range(31):
3      if i % 7 == 0:
4          out_str = out_str + f'\n{i+1:^5}'
5      else:
6          out_str = out_str + f'{i+1:^5}'
7  print(out_str)
```

这里用的是 f-string 的字符串格式化方法,前面已经介绍过基本使用方法,这里再补充一些与控制输出宽度、对齐方式相关的内容。

f-string 采用 {content:format} 设置字符串格式,其中 content 是替换并填入字符串的内容,可以是变量、表达式或函数等,format 是格式描述符。采用默认格式时不必指定 {:format},关于格式描述符的详细语法及含义可查阅 Python 官方文档，这里按使用时的先后顺序简要介绍常用格式描述符的含义与作用：

（1）对齐格式描述符（见表 4-1）

表 4-1　对齐格式描述符的含义与作用

格式描述符	含义与作用
<	左对齐（字符串默认对齐方式）
>	右对齐（数值默认对齐方式）
^	居中

（2）宽度与精度相关格式描述符（见表 4-2）

表 4-2　宽度与精度相关格式描述符的含义与作用

格式描述符	含义与作用
width	整数 width 指定宽度
0width	整数 width 指定宽度，开头的 0 指定高位用 0 补足宽度
width.precision	整数 width 指定宽度，整数 precision 指定显示精度

上面代码中 f'{i+1:^5}' 的含义就是显示内容为表达式 i+1 的值，居中对齐，占 5 个字符宽度（考虑到第一行的星期占 3 个字符，左右各留 1 个空格，因此设置为 5 个字符宽度），任务 1 完成的运行结果如图 4-5 所示。

```
SUN  MON  TUE  WED  THU  FRI  SAT
 1    2    3    4    5    6    7
 8    9   10   11   12   13   14
15   16   17   18   19   20   21
22   23   24   25   26   27   28
29   30   31
```

图 4-5　任务 1 完成的运行结果

注意：如果用 str.format 方法控制格式则写为 '{:^5d}'.format(i + 1)

任务 2　输出天数正确的月历

任务描述

第一阶段完成后，需要确立第二阶段的目标。在任务 1 中输出了一个"假"月历，固定输出 31 天，其实每个月份对应的天数有多种情况，那么，可以把"以输入年、月来确定每月打印的天数"作为第二阶段的目标。

任务实施

每个月的天数有28、29、30、31四种情况,和月份相关,也与年份相关(闰年的2月是29天)。第二阶段的第一步比较简单,把原来循环里的固定值31变成一个变量,所以程序改为:

```
1   out_str=" SUN MON TUE WED THU FRI SAT "
2   days_in_month = 31
3   for i in range(days_in_month):
4       if i % 7 == 0:
5           out_str = out_str + f'\n{i+1:^5}'
6       else:
7           out_str = out_str + f'{i+1:^5}'
8   print(out_str)
```

在程序中增加了变量days_in_month,在for循环中它代替31控制了"打印天数",那么,只要控制days_in_month变量的值就能控制"打印天数"了。刚才说过,每个月的天数和月份、年份相关,具体输出哪年哪月的日历由用户控制,在程序中增加输入和条件判断部分:

```
1   year = 0
2   month = 0
3   year = int(input(' 请输入年份:'))
4   month = int(input(' 请输入月份:'))
5
6   if month == 1 or month == 3 or month == 5 or month == 7 or month == 8 or month == 10 or month == 12:
7       days_in_month = 31
8   elif month == 4 or month == 6 or month == 9 or month == 11:
9       days_in_month = 30
10  else:
11      days_in_month = 28
12
13  out_str=" SUN MON TUE WED THU FRI SAT "
14
15  for i in range(days_in_month):
16      if i % 7 == 0:
17          out_str = out_str + f'\n{i+1:^5}'
18      else:
19          out_str = out_str + f'{i+1:^5}'
20  print(out_str)
```

注意:第6~11行代码利用了一个if-elif-else结构来确定输入的月份和打印天数的关系。

但是这个结构不够巧妙,有经验的程序员经常考虑的一个问题就是减少程序中的if,特别是像"排比"一样的if会使人眼晕。

还记得"程序＝算法＋数据结构"吧，数据结构恰当，算法就可以简单一些。所以可以把每个月的天数组织起来放入一个元组（元组指数据不可变的列表，将在项目6中学习）中：

```
days_in_month = (0,31,28,31,30,31,30,31,31,30,31,30,31)
```

由于元组的索引（下标）从0开始，而月份从1开始，所以在元组的0元素位置使用0占个位置，这样打印天数就简单地变为 days_in_month[month] 了：

```
days_in_month[1] = 31, days_in_month[2] = 28 ……
```

这样做就省略了很多的if，其实只要计算得当，内存充裕，程序中的if都是可以被优化的（因为if占用资源较多）。

代码中还有不妥之处，一是对"闰年2月"没做处理，另外如果能把一些判断和求值都"工具化"就好了，于是考虑定义两个函数，一个判断是否是闰年 is_leap_year，另一个求输入的月份有多少天 days_in_month，为了使程序结构更清晰，可以把函数都放到另一个文件中，这样还可以利于今后的复用，于是现在的程序变成了两个文件：

calendar_2.py

```
1   from calendar_tools import *
2   year = 0
3   month = 0
4   year = int(input(' 请输入年份：'))
5   month = int(input(' 请输入月份：'))
6
7   print_days = days_in_month(year, month)
8
9   out_str=" SUN  MON  TUE  WED  THU  FRI  SAT "
10
11  for i in range(print_days):
12      if i % 7 == 0:
13          out_str = out_str + f'\n{i+1:^5}'
14      else:
15          out_str = out_str + f'{i+1:^5}'
16  print(out_str)
```

calendar_tools.py

```
1   tu_days_in_month = (0,31,28,31,30,31,30,31,31,30,31,30,31)
2
3   def is_leap_year(year):
4       if year % 4 == 0 and year % 100 != 0 or year % 400 == 0:
5           return True
6       else:
7           return False
8
```

```
 9    def days_in_month(year, month):
10        if is_leap_year(year) and month == 2:
11            return 29
12        else:
13            return tu_days_in_month[month]
```

calendar_tools.py 包含了两个函数,其中 is_leap_year 用来判断输入的年份是否是闰年,返回一个布尔值。函数 days_in_month 的用途是根据参数 year、month 来计算指定的月份应该有多少天,在 days_in_month 函数中调用了 is_leap_year 来确定输入的年份是否是闰年。

calendar2.py 是程序的主体结构,首先使用 from calendar_tools import * 导入了 calendar_tools.py,在获取了用户输入的年份、月份后,调用函数 days_in_month 计算出了该月需要打印多少天,并赋值给 printdays。

至此完成了任务 2,可以根据用户输入的年份、月份,输出一个天数正确的月历。

任务3 输出一个正确的月历

任务描述

任务 2 已经可以根据用户输入的年份、月份,输出一个天数正确的月历了。下一个要解决的问题是确定某月一日与星期的对应关系,这样就能够输出一个正确的月历。

任务实施

确定了第三阶段的目标,面对一个月历分析一下,每月从最左端开始(日期的 1 日对应星期日)可以方便地控制以 7 个日期加入一个换行的形式输出该月的月历,但是实际月历的 1 日并不都是从最左边开始的,怎么办呢?

观察得知,若开始打印位置不是周日,那么打印结束的位置就会顺延相应的天数。举个例子,若某月的 1 日是周三,那么开始和结束打印的位置将都向后顺延 3 个打印位置。那么用一个变量 week_day 存储每月 1 日对应的星期,其中周日对应 week_day = 0,周六对应 week_day = 6。那么,打印的范围就是:range(print_days + week_day),代码如下:

```
1    print_days = days_in_month(year, month)
2
3    out_str=" SUN MON TUE WED THU FRI SAT "
```

```
4
5   week_day = 3
6
7   for i in range(print_days + week_day):
8       if i % 7 == 0:
9           out_str = out_str + f'\n{i+1:^5}'
10      else:
11          out_str = out_str + f'{i+1:^5}'
12  print(out_str)
```

运行结果如图 4-6 所示。

```
请输入年份：2020
请输入月份：1
SUN  MON  TUE  WED  THU  FRI  SAT
 1    2    3    4    5    6    7
 8    9   10   11   12   13   14
15   16   17   18   19   20   21
22   23   24   25   26   27   28
29   30   31   32   33   34
```

图 4-6　运行结果

在代码中定义了 week_day = 3，把打印范围改成了：range(print_days+week_day)。

从结果看，输入的是 2020 年 1 月，打印的日期从 1 到 34 了，打印开始的位置依然是最左侧（周日），看来已经顺利地把输出日期向后顺延了，但起始位置和日期还不正确，对此程序需要修补一下。

首先，输出的日期 i+1 现在多了 week_day（这里是 3），把它改成 i+1-week_day 就可以了，代码如下：

```
1   for i in range(print_days + week_day):
2       if i % 7 == 0:
3           out_str = out_str + f'\n{i+1-week_day:^5}'
4       else:
5           out_str = out_str + f'{i+1-week_day:^5}'
```

运行结果如图 4-7 所示。

```
请输入年份：2020
请输入月份：1
SUN  MON  TUE  WED  THU  FRI  SAT
-2   -1    0    1    2    3    4
 5    6    7    8    9   10   11
12   13   14   15   16   17   18
19   20   21   22   23   24   25
26   27   28   29   30   31
```

图 4-7　运行结果

现在 1 日的起始位置和日期已经正确了，只是在 1 日之前还多了 3 天，只需要做个判断，大于 0 的日期原样输出，其他的打印占位符就行了，代码如下：

大数据基础应用

```
1   for i in range(print_days + week_day):
2       print_day = i + 1 - week_day
3       if i % 7 == 0:
4           if print_day>0:
5               out_str = out_str + f'\n{print_day:^5}'
6           else:
7               out_str = out_str + '\n' + ' ' * 5
8       else:
9           if print_day>0:
10              out_str = out_str + f'{print_day:^5}'
11          else:
12              out_str = out_str + ' ' * 5
```

运行结果如图 4-8 所示。

```
请输入年份：2020
请输入月份：1
SUN  MON  TUE  WED  THU  FRI  SAT
                  1    2    3    4
  5    6    7    8    9   10   11
 12   13   14   15   16   17   18
 19   20   21   22   23   24   25
 26   27   28   29   30   31
```

图 4-8　运行结果

在原有的 if 结构中嵌入了判断数字是否大于 0 的结构，至此任务 3 也完成了。程序已经能打印一个正常的月历，离最终的目标已经相当接近，其中"小技巧"固然重要，但是需要着重体会的是"迭代"的方法。下面只要让程序能够自动计算 week_day 的值就可以了，这是第四阶段要解决的问题。

到此为止已经完成了三个版本的万年历开发，随着版本的增加，需要考虑如何管理这些程序版本。当然像这个项目的规模可以靠手工管理，但是对于一个复杂项目，尤其是需要多人协作的项目，就需要使用专门的工具来进行版本控制了，知识总结中将介绍有关版本控制的内容。

任务 4　完成"年历"

任务描述

如何计算 week_day 呢，观察月历可以发现，日期对应于星期的规律是 7 天一个循环，那么只要知道年份的 1 月 1 日对应的星期，然后用累计天数对 7 求余的方法，就可以知道任意一天对应的星期了。

例如，2020 年 1 月 1 日是周三，那么 60 天后的 3 月 1 日就是 (60 + 3) % 7 = 0，这样可

以计算出 3 月 1 日是周日（注意：0 ～ 6 分别对应周日至周六）。本任务的目标是计算出 week_day 并完成"年历"。

任务实施

以 2020 年为例，现在只要计算出用户输入月份的 1 日距离 1 月 1 日有多少天，就可以计算出 2020 年每个月的 1 日是星期几了。定义两个函数，days_before_month 用来计算用户输入月份的 1 日距离 1 月 1 日有多少天，week_day 用来计算 week_day 的值：

```
1   def days_before_month(year, month):
2       days = 0
3       i = 0
4       while i< month:
5           days += days_in_month(year, i)
6           i += 1
7       return days
8
9   def week_day(year, month):
10      days = days_before_month(year, month)
11      return(days + 3) % 7
```

- days_before_month 函数中用了一个 while 循环，把传入的月份之前的天数进行累加。
- week_day 函数则调用了 days_before_month 函数，计算出 week_day 的值并返回。

这样，在主程序中只要把 week_day = 3 修改成调用函数计算的值就可以了。

```
1   from calendar_toolsimport *
2   year = 0
3   month = 0
4   year = int(input(' 请输入年份：'))
5   month = int(input(' 请输入月份：'))
6   print_days = days_in_month(year, month)
7   out_str = " SUN MON TUE WED THU FRI SAT "
8   week_day = week_day(year, month)
9
10  for i in range(print_days + week_day):
11      print_day = i + 1 - week_day
12      if i % 7 == 0:
13          if print_day>0:
14              out_str = out_str + f'\n{print_day:^5}'
15          else:
16              out_str = out_str + '\n' + ' ' * 5
```

```
17      else:
18          if print_day>0:
19              out_str = out_str + f'{print_day:^5}'
20          else:
21              out_str = out_str + ' ' * 5
22  print(out_str)
```

至此，任务 4 完成了一个"年历"，可以正确输出一年中每个月的月历。接下来把"年历"转换成"万年历"，就完成了整个程序。

最后一步其实很简单，程序已经能够利用计算一年中某月之前的天数来确定某月的 1 日是周几，然后打印该月的月历，那么同样的道理，若知道从公元 1 年 1 月 1 日（星期一）起到某年某月之前一共有多少天，就可以知道该月 1 日的打印位置了。

可以将求总天数分成两部分，一部分是已经完成的求当年天数，另一部分就是求该年份之前的所有年份的总天数，需要再定义一个函数 days_before_year，计算并返回该年份之前的所有年份的总天数。这个需求可以利用一个循环完成，其中闰年累加 366，平年累加 365。

现在由读者完成最后一次迭代，实现一个真正的万年历。

知识总结　迭代增量的开发方法及版本控制

本项目演示了迭代增量的开发方法，读者可以体会在开发的各个阶段间的迭代关系，而每个阶段的中间也利用迭代方式开发。开发就是"猜想，计划""尝试，实现""测试，反思""修正，提高"的过程，这就是开发领域的"PDCA"循环，迭代是一个由简到繁"生长"的过程。

在软件开发领域出现过许多开发方法，如传统的瀑布模型，现代的敏捷开发、极限编程等，迭代增量是其中一种易于掌握的开发方法，其关键优势有：

1）每次迭代完成后，都要交付一个可运行的项目，容易评估项目完成水平。
2）各次迭代目标的焦点（阶段性的中心）明显，易理解、易达到。
3）降低开发风险，可以持续部署和测试，代码复用率高。

万年历项目综合了目前为止学习过的知识，包括选择与循环结构、函数与模块等，除此之外还介绍了有关版本控制的基本知识。

版本控制是一种记录一个或若干文件内容变化，以便将来查阅特定版本修订情况的系统。对于一个软件开发人员，经常会需要保存程序的所有修订版本，采用版本控制系统（VCS）是个明智的选择。有了它就可以将选定的文件回溯到之前的状态，甚至将整个项目都回退到过去某个时间点的状态，可以比较文件的变化细节，查出最后是谁修改了哪个地方，又是谁在何时报告了某个功能缺陷等，从而找出异常问题出现的原因。

版本控制系统包括本地版本控制系统、集中式版本控制系统和分布式版本控制系统。

1．本地版本控制系统

在不使用版本控制系统的情况下，一般会采用复制整个项目目录的方式来保存不同的版本，这种方式需要对项目频繁进行复制，最终整个工作目录会比较混乱，并且时间一长，很难区分版本之间的差异。

为了解决这个问题，人们开发了本地版本控制系统，一般是采用某种简单的数据库来记录文件的历次更新差异。比如流行的 RCS(Revision Control System)，它的工作原理是在硬盘上保存补丁集（补丁指文件修订前后的变化），通过应用所有的补丁，可以重新计算出各个版本的文件内容，如图 4-9 所示。

本地版本控制系统基本上解决了手动复制代码进行版本管理的问题，但无法解决多人协作的问题。

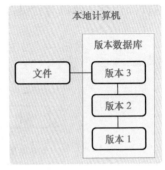

图 4-9　本地版本控制系统原理

2．集中式版本控制系统

集中式版本控制系统是为了解决不同系统上的开发者协同开发的问题，即多人协作的问题，主要有 CVS（Concurrent Versions System）和 SVN（Subversion）。集中式版本控制系统有一个单一的集中管理的中央服务器，保存所有文件的修订版本，由管理员管理和控制开发人员的权限，而协同工作的人们通过客户端连到中央服务器，从服务器上拉取最新的代码在本地开发，开发完成再提交到中央服务器。集中式版本控制系统原理如图 4-10 所示。

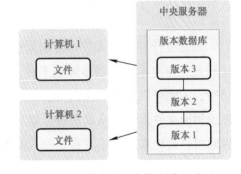

图 4-10　集中式版本控制系统原理

集中式版本控制系统的优点有：

1）操作简单，只需要拉取代码，开发、提交代码。

2）基本解决多人协作问题，每个人都可以从服务器拉取最新代码以了解伙伴的进度。

3）管理员可以轻松控制各开发者的权限。

4）只需要维护中央服务器上的数据库即可。

但是集中式版本控制系统也有明显的缺点：

1）本地没有全套代码，没有版本信息，提交更新都需要联网跟服务器进行交互，对网络要求较高。

2）风险较大，服务器一旦宕机，所有人无法工作。服务器磁盘一旦损坏，如果没有备份将丢失所有数据。

3. 分布式版本控制系统

分布式版本控制系统很好地解决了集中式版本控制系统的缺点。首先，在分布式版本控制系统中，系统保存的不是文件变化的差量，而是文件的快照，即把文件的整体复制下来保存。其次，最重要的是分布式版本控制系统是去中心化的，当从中央服务器拉取下来代码时，拉取的是一个完整的版本库，不仅是一份生硬的代码，还有历史记录、提交记录等版本信息，这样即使某一台机器宕机，也能找到文件的完整备份。分布式版本控制系统原理如图4-11所示。

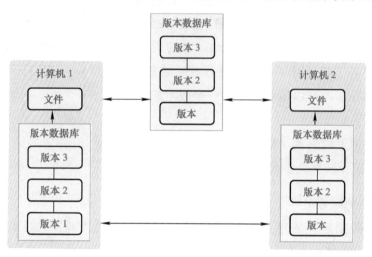

图4-11 分布式版本控制系统原理

目前流行的分布式版本控制系统是Git，Git是Linux发明者Linus开发的，已经成为软件开发者需要掌握的版本控制工具。Git可以在任何时间点把文档的状态作为更新记录保存起来。因此可以把编辑过的文档复原到以前的状态，也可以显示编辑前后的内容差异。而且在编辑旧文件后，如果试图覆盖较新的文件（即上传文件到服务器时），系统会发出警告，因此可以避免在无意中覆盖了他人的编辑内容。

项目拓展 / 完成万年历

项目目标：

完成万年历项目并尝试进行单元测试，思考项目存在的问题并进行改进。

项目要求：

1. 完成万年历项目，能够正确输出任意一个月的月历。
2. 至少对一个函数或程序进行单元测试。
3. 找出目前项目中存在的至少两个问题并进行改进。
4. 使用Git对本项目进行版本管理（选做）。

项目4
开发一个万年历

润物无声　　迭代与自我成长

　　迭代最初是一个科学概念，通常应用于数学和计算机领域。迭代是重复反馈过程的活动，其目的通常是为了逼近所需的目标或结果。每一次对过程的重复称为一次"迭代"，而每一次迭代得到的结果会作为下一次迭代的初始值。迭代就是一个反复求精的过程，是提升质量的过程。

　　在我们做事情的时候会遇到这样的情况：第一次做一件事，做得很差；第二次做同样一件事，会改进一些；不断重复，第N次做同样一件事，就可以很完善了，这是迭代思维的体现。很多人在做事情时总想着要一切准备齐全了才动手去做，对于重大的事项我们可以多做准备，可是对于日常的学习工作，边学边做是更好的策略。不要只停留在"空想家"的层面，应注重当下，着手去做，在不断的实践中提升自己的能力。

Project 5

项目5
开发一个扑克牌游戏

项目介绍

开发一个扑克牌游戏，使用合适的数据类型存储一副标准的扑克牌，玩家可以从扑克牌中随机抽取，并按照一定的规则进行游戏。

学习目标

1. 掌握random模块中的常用函数
2. 掌握字典创建和元素访问方式
3. 掌握字典的基本操作

项目5 开发一个扑克牌游戏

任务 1　用列表模拟一副扑克牌

任务描述

本任务的目标是使用项目 3 中学过的列表来存储一副扑克牌，并实现洗牌（随机打乱扑克牌顺序）和抽牌（随机抽取若干张扑克牌）的功能。

任务实施

一副扑克牌（poker）共有 54 张，除去大小王（JOKER）还剩 52 张，有四种花色：梅花♣、方块♦、红桃♥和黑桃♠，每种花色分别有 13 张，牌面分别是 2、3、4、5、6、7、8、9、10、J、Q、K 和 A。因此可创建两个列表，一个用来存储 4 个花色，另一个用来存储 13 个牌面，然后通过两个列表之间的组合来生成 52 张纸牌。

代码如下：

```
1   # 列表 suits 用来存储扑克牌的花色
2   suits = ['梅花','方块','红桃','黑桃']
3   # 列表 ranks 用来存储扑克牌的牌面
4   ranks = ['2','3','4','5','6','7','8','9','10','J','Q','K','A']
5   # 列表 deck 用来存储生成的一副扑克牌
6   deck = []
7   for s in suits:
8       for r in ranks:
9           deck.append(s+r)
10  print(deck)
```

代码解析

- 第 2 行：定义了列表 suits 存储扑克牌的花色。
- 第 4 行：定义了列表 ranks 存储扑克牌的牌面。
- 第 6 行：定义了列表 deck，用来存储生成的扑克牌。
- 第 7～9 行：使用一个嵌套循环，内层循环负责遍历牌面，外层循环负责遍历花色，将花色与牌面字符串连接，得到类似"梅花 2"这样表达一张扑克牌的字符串，并将每个字符串用 append 方法追加到 deck 列表的尾部，这样就得到了一个包含 52 个元素的列表 deck。

- 第 10 行：打印输出了 deck 列表，得到图 5-1 所示的运行结果。

['梅花2', '梅花3', '梅花4', '梅花5', '梅花6', '梅花7', '梅花8', '梅花9', '梅花10', '梅花J', '梅花Q', '梅花K', '梅花A',
'方块2', '方块3', '方块4', '方块5', '方块6', '方块7', '方块8', '方块9', '方块10', '方块J', '方块Q', '方块K', '方块A',
'红桃2', '红桃3', '红桃4', '红桃5', '红桃6', '红桃7', '红桃8', '红桃9', '红桃10', '红桃J', '红桃Q', '红桃K', '红桃A',
'黑桃2', '黑桃3', '黑桃4', '黑桃5', '黑桃6', '黑桃7', '黑桃8', '黑桃9', '黑桃10', '黑桃J', '黑桃Q', '黑桃K', '黑桃A']

图 5-1　生成 deck 列表

现在得到了一个存储了 52 张扑克牌的列表，列表中的扑克牌是按照顺序存储的，就像这样：['梅花2','梅花3',…,'方块2','方块3',…,'黑桃A']。在扑克牌游戏中一般需要洗牌，也就是把扑克牌的顺序打乱，在程序中可以用 Python 的内置模块 random 来实现。

random 模块主要提供一些生成随机数的功能，表 5-1 列出了 random 模块中几个常用函数。

表 5-1　random 模块中的常用函数

函　数	功　能
random()	随机生成一个 0～1 之间的浮点数
randint(m, n)	如果 m、n 都是整数且 m≤n，则从 m～n 中随机选择一个整数
shuffle(L)	随机重排序列 L 中的元素
choice(L)	从序列 L 中随机选择一个元素
sample(L, n)	创建一个列表，其中包含从序列 L 中随机选取的 n 个元素

下面使用 random 模块中的函数来实现洗牌和抓牌功能：

```
1   import random
2   # 列表 suits 用来存储扑克牌的花色
3   suits = ['梅花','方块','红桃','黑桃']
4   # 列表 ranks 用来存储扑克牌的牌面
5   ranks = ['2', '3', '4', '5', '6', '7', '8', '9', '10', 'J', 'Q', 'K', 'A']
6   # 列表 deck 用来存储生成的一副扑克牌
7   deck = []
8   for s in suits:
9       for r in ranks:
10          deck.append(s+r)
11  # 洗牌
12  random.shuffle(deck)
13  print(deck)
14
15  # 抓一张牌
16  my_card = random.choice(deck)
17  print(my_card)
18
19  # 抓多张牌
20  my_cards = random.sample(deck, 5)
21  print(my_cards)
```

代码解析

- 第 1 行：导入 random 库。
- 第 12 行：使用 random.shuffle() 将列表 deck 中的元素随机重排，实现洗牌功能。
- 第 16 行：使用 random.choice() 从列表 deck 中随机选择一个元素，实现抓一张牌的功能。
- 第 20 行：使用 random.sample() 从列表 deck 中随机选择 5 个元素，实现抓多张牌的功能。

程序运行的运行结果如图 5-2 所示，至此任务 1 完成。

```
['红桃3', '红桃5', '方块7', '黑桃3', '黑桃K', '黑桃Q', '梅花7', '方块4']
方块4
['方块6', '方块Q', '红桃Q', '红桃A', '梅花Q']
```

图 5-2 运行结果

练一练

桥牌是靠大牌赢墩的，通常把 A、K、Q、J 算为大牌，计为：A=4 点、K=3 点、Q=2 点、J=1 点。请编写程序，抓一手牌（13 张），计算出大牌点数并输出结果。

任务 2 用字典模拟一副扑克牌

任务描述

本任务的目标是完成一个简单的扑克游戏，模拟两个玩家每人抓 5 张牌，计算牌的总分值，分值大的获胜，相同则为平局。

任务实施

1. 选择合适的数据类型创建扑克牌

任务 1 中用列表存储了 52 张扑克牌，每张扑克牌是以字符串的方式存储在列表中的。在大部分的扑克牌游戏中，每张扑克牌会对应一个分值，不同的游戏对扑克牌的分值规定也不同，因此在程序中最好让每张扑克牌与它的分值有一个映射关系。为了满足这个要求，可以使用字典来存储扑克牌，代码如下：

```
1   # 函数 create_deck() 用来生成一副扑克牌，使用字典存储
2   # 字典元素的键为扑克牌名称，对应的值是纸牌的数字值
3   def create_deck():
4       deck = {'梅花 A': 1, '梅花 2': 2, '梅花 3': 3, '梅花 4': 4,
5               '梅花 5': 5, '梅花 6': 6, '梅花 7': 7, '梅花 8': 8,
6               '梅花 9': 9, '梅花 10': 10, '梅花 J': 10,
7               '梅花 Q': 10, '梅花 K': 10,
8
9               '方块 A': 1, '方块 2': 2, '方块 3': 3, '方块 4': 4,
10              '方块 5': 5, '方块 6': 6, '方块 7': 7, '方块 8': 8,
11              '方块 9': 9, '方块 10': 10, '方块 J': 10,
12              '方块 Q': 10, '方块 K': 10,
13
14              '黑桃 A': 1, '黑桃 2': 2, '黑桃 3': 3, '黑桃 4': 4,
15              '黑桃 5': 5, '黑桃 6': 6, '黑桃 7': 7, '黑桃 8': 8,
16              '黑桃 9': 9, '黑桃 10': 10, '黑桃 J': 10,
17              '黑桃 Q': 10, '黑桃 K': 10,
18
19              '红桃 A': 1, '红桃 2': 2, '红桃 3': 3, '红桃 4': 4,
20              '红桃 5': 5, '红桃 6': 6, '红桃 7': 7, '红桃 8': 8,
21              '红桃 9': 9, '红桃 10': 10, '红桃 J': 10,
22              '红桃 Q': 10, '红桃 K': 10}
23      return deck
```

函数 create_deck 用来生成一副纸牌，纸牌存储在字典中。字典也是一个可以存储一组数据的数据类型，字典中的每个元素都有两部分：键（key）和值（value）。在这段代码中，字典 deck 包含 52 个元素，每个元素都是以牌面作为键，对应的分数作为值。可以看出，字典的所有元素包含在一对大括号中（{}），一个元素由一个键后跟一个冒号（:），再后跟一个值而组成，例如：'方块 Q': 10。字典的元素间用逗号分隔。

在这个字典中，每个元素的键都是字符串，值都是整数。字典中的值可以是任何对象，但是键必须是不可变对象，包括字符串、整数、浮点数和元组。

2．发牌与计分

任务 1 中使用 random 模块的 sample 函数实现了从纸牌列表中随机抽取多张纸牌的功能，现在试一下 sample 函数是否也能从字典中随机抽取元素。

```
1   import random
2   deck = {'梅花 A': 1, '梅花 2': 2, '梅花 3': 3, '梅花 4': 4,
3           '梅花 5': 5, '梅花 6': 6, '梅花 7': 7, '梅花 8': 8,
4           '梅花 9': 9, '梅花 10': 10, '梅花 J': 10,
5           '梅花 Q': 10, '梅花 K': 10,
6
```

```
 7          '方块 A': 1, '方块 2': 2, '方块 3': 3, '方块 4': 4,
 8          '方块 5': 5, '方块 6': 6, '方块 7': 7, '方块 8': 8,
 9          '方块 9': 9, '方块 10': 10, '方块 J': 10,
10          '方块 Q': 10, '方块 K': 10,
11
12          '黑桃 A': 1, '黑桃 2': 2, '黑桃 3': 3, '黑桃 4': 4,
13          '黑桃 5': 5, '黑桃 6': 6, '黑桃 7': 7, '黑桃 8': 8,
14          '黑桃 9': 9, '黑桃 10': 10, '黑桃 J': 10,
15          '黑桃 Q': 10, '黑桃 K': 10,
16
17          '红桃 A': 1, '红桃 2': 2, '红桃 3': 3, '红桃 4': 4,
18          '红桃 5': 5, '红桃 6': 6, '红桃 7': 7, '红桃 8': 8,
19          '红桃 9': 9, '红桃 10': 10, '红桃 J': 10,
20          '红桃 Q': 10, '红桃 K': 10}
21
22 cards = random.sample(deck, 5)
23 print(cards)
```

运行结果如图 5-3 所示。

```
Traceback (most recent call last):
  File "C:/Users/ywy/PycharmProjects/pythonProject/card_temp.py", line 22, in <module>
    cards = random.sample(deck, 5)
  File "C:\Users\ywy\AppData\Local\Programs\Python\Python37\lib\random.py", line 317, in sample
    raise TypeError("Population must be a sequence or set.  For dicts, use list(d).")
TypeError: Population must be a sequence or set.  For dicts, use list(d).
```

图 5-3　运行结果

出现了 TypeError 异常，提示信息说明了 random 模块的 sample 函数的参数只能是序列或者集合，那么对于字典是不是就没法使用 sample 函数来随机获取元素了呢？还有两个变通的方法：

第一，用 list 函数把字典转换成列表，如图 5-4 所示。

```
>>> deck = {'梅花A': 1, '梅花2': 2, '梅花3': 3, '梅花4': 4}
>>> print(list(deck))
['梅花A', '梅花2', '梅花3', '梅花4']
```

图 5-4　用 list 函数把字典转换成列表

可以看出，list 函数把字典所有元素的键取出，生成了一个列表，这样就可以使用 sample 函数来随机获取元素了，代码如下：

```
1 import random
2 deck = {'梅花 A': 1, '梅花 2': 2, '梅花 3': 3, '梅花 4': 4,
3         '梅花 5': 5, '梅花 6': 6, '梅花 7': 7, '梅花 8': 8,
4         '梅花 9': 9, '梅花 10': 10, '梅花 J': 10,
5         '梅花 Q': 10, '梅花 K': 10,
6
```

```
7       '方块A': 1,'方块2': 2,'方块3': 3,'方块4': 4,
8       '方块5': 5,'方块6': 6,'方块7': 7,'方块8': 8,
9       '方块9': 9,'方块10': 10,'方块J': 10,
10      '方块Q': 10,'方块K': 10,
11
12      '黑桃A': 1,'黑桃2': 2,'黑桃3': 3,'黑桃4': 4,
13      '黑桃5': 5,'黑桃6': 6,'黑桃7': 7,'黑桃8': 8,
14      '黑桃9': 9,'黑桃10': 10,'黑桃J': 10,
15      '黑桃Q': 10,'黑桃K': 10,
16
17      '红桃A': 1,'红桃2': 2,'红桃3': 3,'红桃4': 4,
18      '红桃5': 5,'红桃6': 6,'红桃7': 7,'红桃8': 8,
19      '红桃9': 9,'红桃10': 10,'红桃J': 10,
20      '红桃Q': 10,'红桃K': 10}
21
22 cards = random.sample(list(deck), 5)
23 print(cards)
```

运行结果如图 5-5 所示。

['黑桃J', '方块7', '梅花9', '方块10', '黑桃9']

图 5-5 运行结果

第二种方法就是使用字典的 keys 方法，keys 方法会将字典中所有键以元组序列的形式返回，上面的代码的第 22 行也可以改成这样：

cards = random.sample(deck.keys(), 5)

完成了从存储纸牌的字典中抽牌，接下来需要考虑如何计分，也就是抽取了纸牌后还要获取对应的分数。字典和前面学习过的列表和元组不同，它是通过键来检索对应的值，如图 5-6 所示。

```
>>> deck = {'梅花A': 1, '梅花2': 2, '梅花3': 3, '梅花4': 4}
>>> card_value1 = deck['梅花2']
>>> print(card_value1)
2
```

图 5-6 通过键来检索对应的值

这种检索方式需要注意，如果字典中没有要检索的键，则会抛出 KeyError 异常，如图 5-7 所示。

```
>>> deck = {'梅花A': 1, '梅花2': 2, '梅花3': 3, '梅花4': 4}
>>> card_value1 = deck['梅花5']
Traceback (most recent call last):
  File "<pyshell>", line 1, in <module>
KeyError: '梅花5'
```

图 5-7 KeyError 异常

为了避免这种错误，可以使用字典的 get 方法来从字典中获取值，如果指定的键没有找到，get 方法不会引发异常，如图 5-8 所示。

```
>>>deck = {'梅花A': 1, '梅花2': 2, '梅花3': 3, '梅花4': 4}
>>> deck.get('梅花2')
2
>>> deck.get('梅花5')
>>>
```

图 5-8 未引发异常

了解了这些，就可编写发牌计分的函数了，代码如下：

```
1   import random
2   # 函数 deal_cards 用来发牌，第一个参数为存储纸牌的字典
3   # 第二个参数是发牌的数量
4   def deal_cards(deck, number):
5       # 变量 hand_value 用来存储纸牌的分值
6       hand_value = 0
7
8       # 判断发牌数是否超过了剩余纸牌的数量
9       # 如果超过了则只发剩余纸牌的数量
10      if number >len(deck):
11          number = len(deck)
12
13      # 从 deck 随机抽出 number 张牌，获取到牌的键
14      cards = random.sample(deck.keys(), number)
15      # 遍历抓到的牌，把牌对应的分值进行累加
16      # 最后从 deck 中删除已抓到的牌
17      for card in cards:
18          hand_value += deck.get(card)
19          deck.pop(card)
20      # 返回抓到的牌及总分
21      return cards, hand_value
```

代码解析

● deal_cards 函数有两个参数，第一个参数为存储纸牌的字典，第二个参数是发牌的数量。

● 第 6 行：定义了变量 hand_value 用于存储纸牌的分值。

● 第 10、11 行：使用一个 if 语句判断发牌数是否超过了剩余纸牌的数量，字典和列表、元组一样，可以用 len 函数返回其中的元素数量。

● 第 14 行：从纸牌字典中随机抽取了 number 张纸牌，将它们的键存储在列表 cards 中。

● 第 17～19 行：使用 for 循环列表对 cards 进行了遍历，从字典 deck 中检索出每张牌对应的分值进行累加，完成累加后使用字典的 pop 方法删除了抽到的纸牌。

● 第 21 行：返回了抓到的牌和总分。

任务 2 的最后一个需求就是根据玩家抓到牌的分值确定胜负关系，定义一个 winner 函数：

```
1   # winner 函数用来判断比赛结果
2   def winner(v1, v2):
3       if v1 > v2:
4           return ' 玩家 1 获胜 '
5       if v2 > v1:
6           return ' 玩家 2 获胜 '
7       return ' 平局 '
```

winner 函数有两个参数，分别是玩家 1 和玩家 2 的分值，根据分值的比较返回比赛结果。

最后把代码整合一下，分成两个文件，所有函数放在 card_fun.py 中，游戏部分放在 card_game 中，代码如下：

card_fun.py

```
1   # card_fun.py
2   import random
3
4   # 函数 create_deck() 用来生成一副扑克牌，使用字典存储
5   # 字典元素的键为扑克牌名称，对应的值是纸牌的数字值
6   def create_deck():
7       deck = {' 梅花 A': 1, ' 梅花 2': 2, ' 梅花 3': 3, ' 梅花 4': 4,
8               ' 梅花 5': 5, ' 梅花 6': 6, ' 梅花 7': 7, ' 梅花 8': 8,
9               ' 梅花 9': 9, ' 梅花 10': 10, ' 梅花 J': 10,
10              ' 梅花 Q': 10, ' 梅花 K': 10,
11
12              ' 方块 A': 1, ' 方块 2': 2, ' 方块 3': 3, ' 方块 4': 4,
13              ' 方块 5': 5, ' 方块 6': 6, ' 方块 7': 7, ' 方块 8': 8,
14              ' 方块 9': 9, ' 方块 10': 10, ' 方块 J': 10,
15              ' 方块 Q': 10, ' 方块 K': 10,
16
17              ' 黑桃 A': 1, ' 黑桃 2': 2, ' 黑桃 3': 3, ' 黑桃 4': 4,
18              ' 黑桃 5': 5, ' 黑桃 6': 6, ' 黑桃 7': 7, ' 黑桃 8': 8,
19              ' 黑桃 9': 9, ' 黑桃 10': 10, ' 黑桃 J': 10,
20              ' 黑桃 Q': 10, ' 黑桃 K': 10,
21
22              ' 红桃 A': 1, ' 红桃 2': 2, ' 红桃 3': 3, ' 红桃 4': 4,
23              ' 红桃 5': 5, ' 红桃 6': 6, ' 红桃 7': 7, ' 红桃 8': 8,
24              ' 红桃 9': 9, ' 红桃 10': 10, ' 红桃 J': 10,
25              ' 红桃 Q': 10, ' 红桃 K': 10}
26      return deck
27
28  # 函数 deal_cards 用来发牌，第一个参数为存储纸牌的字典
```

```
29  # 第二个参数是发牌的数量
30  def deal_cards(deck, number):
31      # 变量 hand_value 用来存储纸牌的分值
32      hand_value = 0
33
34      # 判断发牌数是否超过了剩余纸牌的数量
35      # 如果超过了则只发剩余纸牌的数量
36      if number >len(deck):
37          number = len(deck)
38
39      # 从 deck 随机抽出 number 张牌，获取到牌的键
40      cards = random.sample(deck.keys(), number)
41
42      # 遍历抓到的牌，把牌对应的分值进行累加
43      # 最后从 deck 中删除已抓到的牌
44      for card in cards:
45          hand_value += deck.get(card)
46          deck.pop(card)
47
48      # 返回抓到的牌及总分
49      return cards, hand_value
50
51  # winner 函数用来判断比赛结果
52  def winner(v1, v2):
53      if v1 > v2:
54          return ' 玩家 1 获胜 '
55      if v2 > v1:
56          return ' 玩家 2 获胜 '
57      return ' 平局 '
```

card_game.py

```
1   # card_game.py
2   from card_fun import *
3
4   # 生成一副扑克牌，存储在字典 deck 中
5   deck = create_deck()
6
7   # 玩家 1 抓牌
8   cards_1, hand_value_1 = deal_cards(deck, 5)
9   print(' 玩家 1 抓到的牌是：',cards_1)
10  print(' 玩家 1 抓到的牌总分是：',hand_value_1)
11
```

```
12    # 玩家 2 抓牌
13    cards_2, hand_value_2 = deal_cards(deck, 5)
14    print(' 玩家 1 抓到的牌是：',cards_2)
15    print(' 玩家 1 抓到的牌总分是：',hand_value_2)
16
17    # 判断比赛结果，赋值给 result 变量
18    result = winner(hand_value_1, hand_value_2)
19
20    # 输出比赛结果
21    print(' 比赛结果：', result)
```

代码解析

- 第 2 行：导入 card_fun 模块全部内容。
- 第 5 行：调用 create_deck 函数生成一副纸牌，存储在变量 deck 中。
- 第 8 行：调用 deal_cards 函数为玩家 1 抓牌，用 cards_1 和 hand_value_1 接收抓到的牌和总分值，注意 deal_cards 函数有两个返回值，因此需要两个变量来接收。
- 第 9、10 行：输出玩家 1 抓到的牌和分值。
- 第 13 ~ 15 行：玩家 2 抓牌即结果输出。
- 第 18 行：调用 winner 函数，通过玩家 1 的总分 hand_value_1 和玩家 2 的总分 hand_value_2 判断比赛胜负并返回。
- 第 21 行：输出比赛结果。

程序最终运行结果如图 5-9 所示，至此本任务完成。

```
玩家1抓到的牌是：  ['梅花10', '方块7', '黑桃5', '黑桃7', '红桃3']
玩家1抓到的牌总分是：  32
玩家1抓到的牌是：  ['梅花9', '梅花7', '红桃J', '黑桃J', '黑桃10']
玩家1抓到的牌总分是：  46
比赛结果：   玩家2获胜
```

图 5-9　最终运行结果

知识总结　字典

Python 中的字典是可以存储一组数据的数据类型，其中的每个元素是一个键值对，包含键和值两部分。想要从字典中检索一个值，可以使用和它对应的键，这和日常生活中查字典类似，要查询的字就是键，而对应的解释就是值。

1．创建字典

创建字典有两种方式，第一种是把所有元素包含在一个花括号（{}）内，例如：

```
my_dict = {'一':'one','二':'two','三':'three'}
print(type(my_dict))
```

运行结果：

```
<class 'dict'>
```

这个语句创建了一个字典，保存在变量 my_dict 中，其中有三个元素，元素是以键值对的形式表达的：key : value。

第二种创建字典的方法是使用 dict 函数，例如：

```
my_dict = dict()
print(my_dict)
```

运行结果：

```
{}
```

当 dict 函数没有参数时会创建一个空字典，也可以把一个二维列表或二维元组通过 dict 函数创建成字典，例如：

```
my_dict = dict([[1,'壹'],[2,'贰'],[3,'叁']])
print(my_dict)
```

运行结果：

```
{1: '壹', 2: '贰', 3: '叁'}
```

dict 函数的参数也可以是以元组为元素的列表或者以列表为元素的元组，例如：

```
my_dict = dict(([1,'壹'],[2,'贰'],[3,'叁']))
print(my_dict)
```

运行结果：

```
{1: '壹', 2: '贰', 3: '叁'}
```

无论是哪种形式，参数内层的列表或元组必须是两个元素，前面的元素是字典元素的键，后面的元素是值。

2．检索字典中的值

前面说过，字典不是通过索引或位置来访问其中的元素的，而是通过键（key）去访问对应的值（value）。需要注意如果试图检索的键在字典中不存在，会抛出 KeyError 异常，例如：

```
my_dict = dict([[1,'壹'],[2,'贰'],[3,'叁']])
my_dict[4]
```

运行结果如图 5-10 所示。

```
KeyError                                  Traceback (most recent call last)
<ipython-input-7-4ec7884843ec> in <module>
      1 my_dict = dict([(1, '壹'), (2, '贰'), (3, '叁')])
----> 2 my_dict[4]

KeyError: 4
```

图 5-10　检索的键在字典中不存在会抛出 KeyError 异常

为了确定一个键是否在字典中，可以使用 in（或 notin）运算符，例如：

```
my_dict = dict([[1,'壹'],[2,'贰'],[3,'叁']])
if 4 in my_dict:
    print(my_dict[4])
else:
    print(" 未找到 ")
```

运行结果：

```
未找到
```

另一个在字典中检索值的方法是使用字典的 get 方法，get 方法有两个参数，第一个是要检索的键，第二个是检索不到时返回的值，如果默认第二个参数值则会返回 None，例如：

```
my_dict = dict([[1,'壹'],[2,'贰'],[3,'叁']])
print(my_dict.get(4))
```

运行结果：

```
None
```

设置检索不到时的返回值：

```
my_dict = dict([[1,'壹'],[2,'贰'],[3,'叁']])
print(my_dict.get(4,' 未找到 '))
```

运行结果：

```
未找到
```

3．在字典中增加和修改项

字典是可变数据类型，可以这样向字典中添加元素：

```
my_dict = dict([[1,'壹'],[2,'贰'],[3,'叁']])
my_dict[4] = ' 肆 '
print(my_dict)
```

运行结果：

```
{1:'壹', 2:'贰', 3:'叁', 4:'肆'}
```

需要注意，字典中不存在重复的键，如果对一个已经存在的键赋值时，新值会替换旧值，也就是修改了这个元素，例如：

```
my_dict = dict([[1,'壹'],[2,'贰'],[3,'叁']])
my_dict[2] = '二'
print(my_dict)
```

运行结果：

```
{1:'壹', 2:'二', 3:'叁'}
```

4．在字典中删除项

想要从字典中删除元素，可以使用以下方法：

（1）del 语句

注意：del 是一个语句，删除字典元素的一般格式是：del 字典名 [键]，例如：

```
my_dict = dict([[1,'壹'],[2,'贰'],[3,'叁']])
del my_dict[2]
print(my_dict)
```

运行结果：

```
{1:'壹', 3:'叁'}
```

注意：如果想要删除的键在字典中不存在，则会抛出 KeyError 异常：

```
my_dict = dict([[1,'壹'],[2,'贰'],[3,'叁']])
del my_dict[4]
```

运行结果如图 5-11 所示。

```
KeyError                                  Traceback (most recent call last)
<ipython-input-15-49a7dd83a600> in <module>
      1 my_dict = {1:'壹', 2:'贰', 3:'叁'}
----> 2 del my_dict[4]

KeyError: 4
```

图 5-11　要删除的键在字典中不存在则会抛出 KeyError 异常

（2）pop 方法

调用 pop 方法也可以删除字典中的元素，例如：

```
my_dict = dict([[1,'壹'],[2,'贰'],[3,'叁']])
my_dict.pop(1)
print(my_dict)
```

运行结果：

```
{2:'贰', 3:'叁'}
```

pop 方法和 del 语句不同的是，删除字典元素时会将元素的值返回，可以把它赋值给一

个变量,例如:

```
my_dict = dict([[1, '壹'], [2, '贰'], [3, '叁']])
num = my_dict.pop(1)
print(num)
```

运行结果:

```
壹
```

注意:想要删除的键在字典中不存在,也会抛出 KeyError 异常:

```
my_dict = dict([[1, '壹'], [2, '贰'], [3, '叁']])
my_dict.pop(4)
```

运行结果如图 5-12 所示。

```
-----------------------------------------------------------------
KeyError                                  Traceback (most recent call last)
<ipython-input-20-ae8075b5591d> in <module>
      1 my_dict = {1:'壹', 2:'贰', 3:'叁'}
----> 2 my_dict.pop(4)

KeyError: 4
```

图 5-12　想要删除的键在字典中不存在也会抛出 KeyError 异常

但可以给 pop 方法传入第 2 个参数作为默认返回值,这样就可以避免 KeyError 异常了,例如:

```
my_dict = dict([[1, '壹'], [2, '贰'], [3, '叁']])
my_dict.pop(4, 'Not Found')
```

运行结果:

```
'Not Found'
```

(3) popitem 方法

popitem 方法和 pop 方法不同的是,它无法指定要删除的元素,而是从字典的末尾删除一个元素,并把整个元素以元组的形式返回,例如:

```
my_dict = dict([[1, '壹'], [2, '贰'], [3, '叁']])
item = my_dict.popitem()
print(item, type(item))
```

运行结果:

```
(3, '叁') <class 'tuple'>
```

使用 popitem 方法还有一点需要注意,如果字典为空,调用 popitem 方法会抛出 KeyError 异常:

```
my_dict = {}
my_dict.popitem()
```

运行结果如图 5-13 所示。

```
KeyError                                  Traceback (most recent call last)
<ipython-input-23-76a9aaca16c2> in <module>
      1 my_dict = {}
----> 2 my_dict.popitem()

KeyError: 'popitem(): dictionary is empty'
```

图 5-13　如果字典为空，调用 popitem 方法会抛出 KeyError 异常

为了避免这种情况，可以在调用 popitem 方法之前检查一下字典是否为空：

```
my_dict = {}
if len(my_dict) > 0:
    my_dict.popitem()
```

提示：

从 Python 3.6 开始，字典由原来的无序变成了有序，popitem 方法也从原来的随机删除元素变成了删除最后一个元素。

5．遍历字典

可以使用 for 循环遍历字典中所有的键，例如：

```
my_dict = dict([[1, '壹'], [2, '贰'], [3, '叁']])
for key in my_dict:
    print(key)
```

运行结果：

```
1
2
3
```

注意：对字典遍历得到的是字典中每个元素的键，如果想要遍历每个元素的值，可以这样：

```
my_dict = dict([[1, '壹'], [2, '贰'], [3, '叁']])
for key in my_dict:
    print(my_dict[key])
```

运行结果：

```
壹
贰
叁
```

6．常用字典方法

字典有很多方法，前面已经介绍过 get、pop、popitem，下面简单介绍一些其他常用的字典方法。

(1) clear 方法

clear 方法用来删除字典中所有元素,例如:

```
my_dict = dict([[1, '壹'], [2, '贰'], [3, '叁']])
my_dict.clear()
print(my_dict)
```

运行结果:

```
{}
```

(2) items 方法

items 方法用一种特殊的序列返回字典中所有元素的键与值,例如:

```
my_dict = dict([[1, '壹'], [2, '贰'], [3, '叁']])
my_dict.items()
```

运行结果:

```
dict_items([(1, '壹'), (2, '贰'), (3, '叁')])
```

返回的序列称为字典视图 (dict_items),字典视图中包含了以元组方式存储的所有字典元素的键和值,可以用 for 循环遍历字典视图:

```
my_dict = dict([[1, '壹'], [2, '贰'], [3, '叁']])
for item in my_dict.items():
    print(item)
```

运行结果:

```
(1, '壹')
(2, '贰')
(3, '叁')
```

也可以直接将元组解包,就是将元组中的元素一个或多个剥离出来。例如,用与元素数量相同的变量,将元组中的值分别赋给这些变量:

```
my_dict = dict([[1, '壹'], [2, '贰'], [3, '叁']])
for key, value in my_dict.items():
    print(f'键 : {key}, 值 :{value}')
```

运行结果:

```
键 : 1, 值 : 壹
键 : 2, 值 : 贰
键 : 3, 值 : 叁
```

（3）keys 方法

keys 方法以字典视图的形式返回字典中所有的键，例如：

```
my_dict = dict([[1, '壹'], [2, '贰'], [3, '叁']])
my_dict.keys()
```

运行结果：

```
dict_keys([1, 2, 3])
```

（4）values 方法

values 方法以字典视图的形式返回字典中所有的值，例如：

```
my_dict = dict([[1, '壹'], [2, '贰'], [3, '叁']])
my_dict.values()
```

运行结果：

```
dict_values(['壹', '贰', '叁'])
```

项目拓展　开发一个 21 点游戏

项目目标：

21 点（Blackjack）是一个历史悠久的扑克牌游戏。游戏由 2～6 个人玩，使用除大小王之外的 52 张牌。游戏者的目标是使手中的牌的点数之和不超过 21 点且尽量大。本项目的目标是开发一个两个玩家的 21 点游戏。

项目要求：

游戏规则如下：

1）玩家共两个角色：计算机和人类，计算机是庄家（dealer）。

2）游戏开始时，先给人类和计算机每个玩家分别发两张牌作为底牌，庄家底牌只显示一张。

3）判断双方底牌是否直接为 21 点，如果其中一方为 21 点，则直接判胜利，并在总分上加一分。如果双方都是 21 点，那就是平局，不得分。

4）如果初始牌面没有直接出现 21 点，人类玩家根据自己的牌面大小决定是否继续要牌。如果要牌，则在牌堆中抽一张，然后再次判断胜负。如果人类玩家牌面的总点数超过了 21 点，则直接判输。

5）如果人类玩家停止要牌了，并且没有因为超过 21 点而被判输的情况下，则计算机要牌。计算机要牌的规则是一直要牌，直到比人类玩家大才停止要牌。

6）循环步骤 4）和 5）。

7）完成一轮游戏后，由人类玩家决定是否继续玩下一轮。

8）牌堆中剩余的牌数不够玩一轮游戏的时候，游戏自动结束。

9）计算规则：2～10 分别是正常的点数，J、Q、K 都是 10 点，A 比较特殊，首先把 A 当做 1 来计算，牌面总分数如果小于 21，那么再把 A 当作 11 再计算一次，如果这个时候仍然小于 21，那么 A 就当 11 算；如果这个时候牌面总分数大于 21，那么 A 就当 1 算。

润物无声　团队精神

团队精神是大局意识、协作精神和服务精神的集中体现，核心是协同合作。现在的软件开发一般都是以团队的形式进行系统的设计和开发，因此，团队精神也变得越来越重要。

具备团队精神，就是使工作团队从目标上达成一致，把团队的利益放在首位；学会交流分享，分享知识和经验，共同进步；精诚协作，对于团队的事情，有责任尽自己所能去做，在工作的时候，要为别人着想，考虑如何才能更有利于让别人也顺利开展工作。

Project 6

项目6
开发一个文件自动备份器

项目介绍

开发一个文件自动备份器,可定时对指定目录中的文件进行备份。

学习目标

1. 掌握文件的读写方法
2. 掌握文件夹的创建、删除等常用操作
3. 掌握异常处理的方法
4. 了解自动化运行的方法

项目6 开发一个文件自动备份器

任务1 备份单个文件

任务描述

本任务的目标是备份单个文件,也就是生成指定文件的副本,完全复制原文件的内容,并将备份文件命名为"原文件名_backup.扩展名"。

任务实施

```
1   # 提示输入文件名
2   old_file_name = input("请输入要备份的文件名:")
3   # 以只读的方式打开文件
4   old_file = open(old_file_name,'rb')
5   # 生成备份文件名
6   new_file_name = old_file_name.split('.')[0] + '_backup.' + old_file_name.split('.')[1]
7   # 创建新文件
8   new_file = open(new_file_name, 'wb')
9   # 读取原文件中的数据,写到新文件中
10  content = old_file.read()
11  new_file.write(content)
12  # 关闭文件
13  old_file.close()
14  new_file.close()
15  print(f'文件 {old_file_name} 的备份 {new_file_name} 已经生成。')
```

代码解析

- 第2行:要求用户输入文件名并保存到变量 old_file_name 中。
- 第4行:用 open 函数打开原文件,在 Python 中使用文件必须先打开文件,打开文件后会返回一个 Python 对象,把它保存到变量 old_file 中。注意,open 函数的参数 'rb' 表示使用只读模式打开二进制文件。
- 第6行:生成备份文件名,方法是把原文件名使用字符串的 split 方法拆分为两部分,在中间添加"_backup."。
- 第8行:使用备份文件名打开文件,此时这个文件并不存在,当用 open 函数打开的文件不存在时会创建一个新文件,注意此时 open 函数的参数 'wb' 表示使用写模式打

开二进制文件，后面会向文件中写入内容。
- 第 10 行：用 read 方法读取原文件中的全部内容并保存在遍历 content 中。
- 第 11 行：将变量 content 中的数据写入备份文件。
- 第 13、14 行：分别关闭原文件和新建的备份文件，注意文件读写完成后要关闭文件，这样可以立即释放分配给文件的内存资源。
- 第 15 行：输出文件备份完成的提示。

任务 1 的代码还存在一个问题，如果输入的文件名不存在，程序会出现异常退出，如图 6-1 所示。

```
>>> old_file = open('a.bc','rb')
Traceback (most recent call last):
  File "<pyshell>", line 1, in <module>
FileNotFoundError: [Errno 2] No such file or directory: 'a.bc'
```

图 6-1　文件不存在时出现的异常

为了解决这个问题，需要先检查一下这个文件是否存在。Python 内置模块 os 中提供了相应的方法，将代码修改如下：

```
1   # 导入 os 库
2   import os
3   # 提示输入文件名
4   old_file_name = input(" 请输入要备份的文件名 :")
5   # 以读的方式打开文件
6   while not(os.path.isfile(old_file_name)):
7       old_file_name = input(" 你输入的文件不存在，请重新输入 :")
8   old_file = open(old_file_name,'rb')
9
10  # 生成备份文件名字
11  new_file_name = old_file_name.split('.')[0] + '_backup.' + old_file_name.split('.')[1]
12  # 创建新文件
13  new_file = open(new_file_name, 'wb')
14  # 读取原文件中的数据，写到新文件中
15  content = old_file.read()
16  new_file.write(content)
17  # 关闭文件
18  old_file.close()
19  new_file.close()
20  print(f' 文件 {old_file_name} 的备份 {new_file_name} 已经生成. ')
```

代码解析

- 第 2 行：导入 os 库。

- 第 6～8 行：增加了一个 while 循环，当文件不存在时要求用户重新输入文件名，os.path.isfile 会检查文件是否存在，如果存在则返回 True，否则返回 False，因此 while 循环的条件是 not(os.path.isfile(old_file_name))。

任务 2 备份目录下的所有文件

任务描述

本任务的目标是将整个目录中的所有文件备份到指定目录中，文件名和路径保持不变。

任务实施

```
1   import os
2   # 定义函数 backup，功能是对文件进行备份
3   def backup(src_file, back_file):
4       with open(src_file, 'rb') as f1, open(back_file, 'wb') as f2:
5           content = f1.read()
6           f2.write(content)
7
8   # 定义函数 dict_backup，将 src_dict 目录中的所有文件备份到 back_dict 中
9   def dict_backup(src_dict, back_dict):
10      all_files = os.listdir(src_dict)    # 获取要备份目录中的所有文件
11      print(all_files)
12      if os.path.exists(back_dict):
13          os.removedirs(back_dict)
14      os.mkdir(back_dict)
15      for file in all_files:
16          if (os.path.isfile(os.path.join(src_dict, file))):    # 若是文件，则备份
17              backup(os.path.join(src_dict, file), os.path.join(back_dict, file))
18          if (os.path.isdir(os.path.join(src_dict, file))):    # 若是目录，则递归调用
19              dict_backup(os.path.join(src_dict, file), os.path.join(back_dict, file))
20
21  dict_backup('.', 'back_up')
```

代码解析

- 第3～6行：定义了 backup 函数用来进行文件备份，函数的参数是源文件名和目标文件名，备份的方法就是任务1的方法。这里用 with as 语句打开文件，它能够自动分配并且释放资源，因此无需再使用 close 语句。
- 第9～19行：定义了 dict_backup 函数，将源文件夹 src_dict 中的所有文件备份到备份文件夹 back_dict 中。
- 第10行：os.listdir() 方法用于返回指定的文件夹包含的文件或文件夹的名字的列表。
- 第12～14行：首先用 os.path.exists 判断目标文件夹是否存在，如果已经存在则用 os.removedirs 删除，否则用 os.mkdir 创建文件夹。
- 第15～19行：使用 for 循环遍历包含了需要备份的文件夹中的所有文件、文件夹的名字的列表，使用 os.path.isfile 判断是否为文件，若是文件则调用 backup 函数进行备份。使用 os.path.isdir 判断是否为文件夹，若是文件夹则递归调用 dict_backup 函数。
- 第21行：调用 dict_backup 函数进行备份，注意参数中源文件夹 '.' 代表当前目录。

知识总结　文件读写、目录操作

1. 文件读写

一般来说，程序使用文件时采取三个步骤：

1）打开文件：打开文件会创建一个文件和程序之间的连接。
2）处理文件：将数据写入文件或者从文件中读取。
3）关闭文件：断开文件和程序之间的连接。

编程面对的文件有两类：文本文件和二进制文件。文本文件的所有数据都由可打印的字符组成，从本质上说就是一个字符串。而二进制文件包含的是原始数据，需要用专门的应用程序来读写，比如 docx 文件需要用 Microsoft Word 或者 WPS Office 来读写。

（1）打开文件

要打开文件，可以使用 open 函数，open 函数唯一必不可少的参数是文件名，open 函数打开文件后会返回一个文件对象。如果当前目录有一个名为 myfile.txt 的文本文件，则可以这样打开：

```
f=open('myfile.txt')
```

如果文件和当前程序不在同一目录下，需要指定完整路径。文件路径分两种，绝对路径与相对路径。绝对路径从根文件夹开始，相对路径相对于当前程序的工作目录。假设当前程序的工作目录是"D:\data",表 6-1 展示了两种不同路径的描述方式。

表 6-1 绝对路径与相对路径

绝对路径	相对路径	说明
D:\	..\	父文件夹
D:\data	.\	当前文件夹
D:\data\src	.\src	
D:\data\src\backup.py	.\src\backup.py	

描述文件路径时需要特别注意,由于在 Windows 系统中文件路径包含反斜杠(\),反斜杠是一个转义字符,应该用"\\"表达,因此表达文件路径的字符串应该是这样的:'D:\\data\\src\\backup.py'。还有一种方式可以不使用转义字符,就是在字符串前面添加前缀字母 r,说明后面的字符串是一个原始字符串:r'D:\data\src\backup.py '。

open 函数的第二个参数是 "模式(mode)":file_obj = open(filename, mode)。调用 open 函数时,如果只指定文件名,open 函数将返回一个可读取的文件对象。如果要写入文件,必须指定模式。open 函数的参数 mode 的说明见表 6-2。

表 6-2 open 函数的参数 mode 的说明

参数	描述	功能
'r'	读取模式(默认)	读取文件内容
'w'	写入模式	能够写入文件,文件不存在时创建它,文件存在时将原有内容删除
'x'	独占写入模式	在文件已存在时引发 FileExistsError 异常
'a'	追加模式	在已有文件末尾继续写入
'b'	二进制模式(与其他模式结合使用)	
't'	文本模式(默认值,与其他模式结合使用)	
'+'	读写模式(与其他模式结合使用)	可与其他任何模式结合使用,表示既可读取也可写入

(2)读写文件

使用 open 函数打开文件后,可以使用 read 方法来读取数据,用 write 方法写入数据,例如:

```
f = open('text.txt', 'w')
f.write('Hello')
```

运行结果:

```
5
```

上面的代码中首先用 'w' 模式打开了文件并把它赋值给一个变量 f，然后用 f.write(str) 将字符串写入文件，写入内容后返回的数字是刚才写入的字符串长度，可以连续写入。下面使用 f.read() 查看文件的内容。

运行结果如图 6-2 所示。

```
UnsupportedOperation                     Traceback (most recent call last)
<ipython-input-2-571e9fb02258> in <module>
----> 1 f.read()

UnsupportedOperation: not readable
```

图 6-2 读取文件出现异常

运行结果报错，这是因为刚才的文件仍然处于打开状态，需要把它关闭之后才能读取：

```
f.close()
f = open('text.txt', 'r')
f.read(5)
```

运行结果：

```
'Hello'
```

继续读文件：

```
f.read()
```

运行结果：

```
', World!'
```

用 close 方法关闭了文件，然后重新用 open 函数的 'r' 模式打开它，就可以读取了，注意，read 方法会读出整个文件内容，也可以指定读取若干字符。

这里要特别注意，用 write 方法写入和用 read 方法读取文件，每次操作都会移动指针（可以想象成在文本编辑时的光标）。因此上面的代码中第二次 read 时会从前一次读取的文件内容之后开始读取。

2．方法

方法（method）也是一种函数，一个方法是属于一个对象（object）的函数，可以对该对象执行一些操作，使用方法的方式是：object_name.method_name()，比如刚才用过的 f.read()、f.write()、f.close()。

文件的基本方法：

（1）读取和写入

先来看一个例子：

```
1   # file_write.py
2   # 打开一个名为 name.txt 的文件
3   outfile = open('name.txt', 'w')
4   # 向文件中写入三行数据
5   outfile.write(' 赵钱孙李 \n')
6   outfile.write(' 周吴郑王 \n')
7   outfile.write(' 冯陈褚卫 \n')
8   # 关闭文件
9   outfile.close()

1   # file_read.py
2   # 打开一个名为 name.txt 的文件
3   infile = open('name.txt', 'r')
4   # 读取文件内容
5   file_contents = infile.read()
6   # 关闭文件
7   infile.close()
8   # 打印读取出的数据
9   print(file_contents)
```

运行结果如图 6-3 所示。

这个例子有两个文件：

file_write.py：打开一个名为 name.txt 的文件并且写入三行内容，注意换行需要在写入的字符串中加入 \n，否则多次写入的内容会连接在一起。

赵钱孙李
周吴郑王
冯陈褚卫

图 6-3　运行结果

file_read.py：打开 name.txt，读取内容并且把内容打印出来。

注意：这个例子必须先运行 file_write.py 创建文件，写入内容，然后运行 file_read.py 去读取文件内容。

（2）按行读取和写入

在文件读写的实际应用中，经常需要按行读取数据，可以使用以下方法：

1）使用 readline 方法读取一行数据。

调用 readline 方法时，如果不指定任何参数，则默认读取一行。也可以提供一个非负整数参数指定 readline 最多可读取多少个字符。

2）使用 readlines 方法读取文件中所有的行，并以列表的形式返回。

下面来看一个例子：

```
1   # line_read.py
2   # 打开 name.txt
3   infile = open('name.txt', 'r')
4
5   # 从文件中依次读取三行数据
```

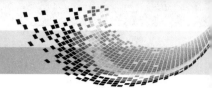

```
6   line1 = infile.readline()
7   line2 = infile.readline()
8   line3 = infile.readline()
9
10  # 关闭文件
11  infile.close()
12
13  # 打印读出的数据
14  print(line1)
15  print(line2)
16  print(line3)
```

首先，三次使用 readline 方法依次读取了文件内容并分别赋值给三个变量，从结果看每次读取的就是一行。需要注意，name.txt 这个文件中的内容是：

```
赵钱孙李 \n 周吴郑王 \n 冯陈褚卫 \n
```

readline 方法每次会从当前位置读取到 \n，这就是一行的概念。

readlines 方法会一次性读取文件中所有行，然后把每行内容以列表的方式返回。例如：

```
1   # lines_read.py
2   # 打开 name.txt
3   infile = open('name.txt', 'r')
4   # 从文件中依次读取所有行
5   lines = infile.readlines()
6   # 关闭文件
7   infile.close()
8   # 打印读出的数据
9   print(lines)
```

和读取行的方法不同的是，写入行只有 writelines 方法，没有 writeline 方法。writelines 方法与 readlines 方法相反，接收一个字符串列表，并将字符串都写入文件，写入时不会添加换行符。

（3）向文件中追加数据

当使用 'w' 模式打开一个已经存在的文件时，这个文件将被删除，并且创建一个相同名称的新文件。如果想保留一个文件的内容并把新的数据追加到文件中去，就需要用到 'a' 模式。例如：

```
myfile = open('friends.txt', 'a')
myfile.write(' 刘备 ')
```

运行结果：

```
2
```

继续写入：

```
myfile.write(' 关羽 ')
myfile.write(' 张飞 ')
myfile.close()
myfile = open('friends.txt', 'r')
myfile.read()
```

运行结果：

```
' 刘备关羽张飞 '
```

从例子中可以看出，使用 'a' 模式以追加方式打开文件：

1）如果文件已经存在，它不会被删除，如果文件不存在则创建文件。

2）当数据写入文件时，会写在该文件当前内容的末尾。

（4）使用 with as 读写文件

前面说过，使用 open 函数打开文件后必须用 close 方法关闭文件，否则会导致异常。Python 提供了 with 语句来自动调用 close() 方法，同时也解决了异常问题。使用 with as 读写文件的方法是：

```
with open(filename, mode) as fileobject:
    fileobject.read()
    fileobject.write()
    ...
```

（5）seek 和 tell 方法

用 write 方法写入和用 read 方法读取文件，每次操作都会移动指针。文件对象还有一个用于移动指针的方法 seek，下面从一个示例中来了解一下它的使用方法：

```
f = open('text.txt', 'r')
f.read(2)
```

运行结果：

```
'He'
```

目前指针在第二个字符后面，下面通过 seek 方法将指针后移 4 个字符再读取文件：

```
f.seek(4)
f.read()
```

运行结果：

```
'o, World!'
```

text.txt 文件的内容是：Hello, World!

执行 f.read(2) 之后，指针移动到第二个字符 e 的后面，执行了 f.seek(4)，然后读取文件，这时是从第 5 个字符 o 开始读取的，也就是说，f.seek(4) 把指针从文件开始移动了 4 个字符。seek 方法并不都是从文件开始移动指针的，它有一个 whence 参数，默认值为 0，代表从文件起始位置开始移动指针，移动量应该是一个非负整数。whence 参数为 1，表示从当前位置移动，移动量可以是负整数（向前移动）；whence 参数为 2，表示从文件末尾移动，移动量可以是负整数（向前移动）。

如果想要知道文件指针当前的位置，可以用 tell 方法：

```
f = open('text.txt', 'r')
f.seek(4)
f.read(2)
f.tell()
```

运行结果：

```
6
```

3．目录

目录也称为文件夹，用于分层保存文件，通过目录可以分门别类地存放文件，常用的目录操作有判断目录是否存在、创建目录、删除目录和遍历目录等。Python 的内置模块 os 和 os 的子模块 os.path 用于对目录或文件的操作。

表 6-3 列出了 os 模块提供的与目录相关的函数。

表 6-3　os 模块提供的与目录相关的函数

函　　数	说　　明
os.getcwd()	获取当前工作目录，即当前程序所在的目录路径
os.chdir("dirname")	改变当前目录，相当于 shell 中的 cd 命令
os.mkdir('dirname')	生成单级目录，相当于 shell 中的 mkdirdirname
os.rmdir('dirname')	删除单级空目录，若目录不为空则无法删除，抛出 OSError 异常
os.makedirs('dir1/dir2')	可生成多层递归目录
os.removedirs('dirname1')	若目录为空则删除，并递归到上一级目录，如果上一级也为空则删除，依此类推
os.listdir('dirname')	列出指定目录下的所有文件和子目录，包括隐藏文件，并以列表方式返回
os.remove()	删除指定文件，若文件不存在则抛出 FileNotFoundError 异常
os.rename("oldname", "new")	重命名文件/目录，若文件或目录不存在则抛出 FileNotFoundError 异常

表 6-4 列出了 os.path 提供的与目录相关的函数。

表 6-4　os.path 提供的与目录相关的函数

函　数	说　明
os.path.abspath(path)	返回绝对路径
os.path.dirname(path)	返回 path 的目录，即获得 path 的上一层路径
os.path.basename(path)	返回路径最后的文件名（或目录）
os.path.exists(path)	路径存在则返回 True，路径损坏则返回 False
os.path.lexists	路径存在则返回 True，路径损坏也返回 True
os.path.isabs(path)	判断 path 是否为绝对路径
os.path.isfile(path)	判断路径是否为文件
os.path.isdir(path)	判断路径是否为目录
os.path.split(path)	把路径分割成 dirname 和 basename，返回一个元组
os.path.splitdrive(path)	一般用在 Windows 下，返回驱动器名和路径组成的元组
os.path.splitext(path)	分割路径，返回路径名和文件扩展名的元组
os.path.walk(path, visit, arg)	遍历 path，进入每个目录都调用 visit 函数，visit 函数必须有三个参数 (arg, dirname, names)，dirname 表示当前目录的目录名，names 代表当前目录下的所有文件名，args 则为 walk 的第三个参数

下面的代码演示了 os 模块常用的函数：

```
1   import os
2   print(os.environ['systemdrive'] + '\\') # 系统盘 C:\
3   print(os.environ['userprofile']) # 用户目录 C:\Users\sxvtc
4   print( os.environ['windir']) # 系统安装目录 C:\Windows
5   print(os.getcwd())  # 获取当前工作目录
6   print(os.path.exists("c:\\demo")) # 判断目录是否存在
7   # 如果要创建要目录，先判断要创建的目录是否存在
8   path = "c:\\demo"
9   if not os.path.exists(path):
10      os.mkdir(path)
11  else:
12      print(' 该目录已经存在 ')
13  os.makedirs("C:\\demo1\\demo2\\") # 创建多级目录
14  path = "C:\\demo1\\demo2"
15  # 判断要删除的目录是否存在，如果不存在会抛出问题
16  if os.path.exists(path):
17      os.rmdir("C:\\demo1\\demo2") # 删除的是 demo2 目录
18      print(" 目录删除成功 !")
19  else:
```

```
20      print(" 该目录不存在 ")
21  '''
22  遍历目录 os.walk('path','topdown') 返回值是一个包含三个元素 (root,dirs,files) 的元组生成器对象。
23  path 用于指定要遍历的目录，topdown 是可选参数，用于指定要遍历的顺序，如果为 True（默认），
    表示从上到下遍历，如果为 False，表示从下到上遍历。
24  root: 是一个字符串，表示当前遍历的路径
25  dirs: 是一个列表，表示的是当前路径下包含的子目录
26  files: 也是一个列表，当前目录下的文件
27  '''
28  for root,dirs,filesin os.walk('..', topdown=True):
29      print(root)
30      for name in dirs:
31          print(os.path.join(root,name))
32      for name in files:
33          print(os.path.join(root,name))
34  # 查找当前目录下某个文件是否存在
35  path = "C:\\demo"
36  filename = "love.txt"
37  for root,dirs,filesin os.walk(path):
38      for name in files:
39          if filename== name:
40              print(os.path.join(root,name))
```

4．异常处理

异常（Exception）是在程序运行时导致程序突然停止而发生的一个错误。异常是一个事件，该事件会在程序执行过程中发生，影响了程序的正常执行。Python 提供了 try/except 语句来处理异常，异常处理的语法结构是：

```
try:
    可能产生异常的代码块
except [ (Error1, Error2, ... ) [as e] ]:
    处理异常的代码块 1
except [ (Error3, Error4, ... ) [as e] ]:
    处理异常的代码块 2
except [Exception]:
    处理其他异常
else:
    如无异常执行的代码块
finally:
    退出 try 时无论是否发生异常，都要执行的语句块
```

[] 括起来的部分可以使用，也可以省略。其中各部分的含义如下：

- (Error1, Error2,...)、(Error3, Error4,...)：Error1、Error2、Error3 和 Error4 都是具体

的异常类型。一个 except 块可以同时处理多种异常。

- [as e]：可选参数，表示给异常类型起一个别名 e，这样做的好处是方便在 except 块中调用异常类型。
- [Exception]：可选参数，可以代指程序可能发生的所有异常情况，一般用在最后一个 except 块。

需要注意，try 块有且仅有一个，但 except 代码块可以有多个，并且每个 except 块都可以同时处理多种异常。当程序发生不同的意外情况时，会对应不同的异常类型，Python 解释器会根据该异常类型选择对应的 except 块来处理该异常。

try/except 语句的执行流程如图 6-4 所示。

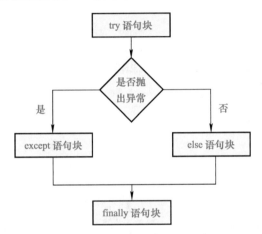

图 6-4 try/except 语句的执行流程

首先执行 try 中的代码块，如果执行过程中出现异常，系统会自动生成一个异常类型，并将该异常提交给 Python 解释器，此过程称为捕获异常。

当 Python 解释器收到异常对象时，会寻找能处理该异常对象的 except 块，如果找到合适的 except 语句块，则把该异常对象交给该 except 块处理，这个过程被称为处理异常。如果 Python 解释器找不到处理异常的 except 块，则程序运行终止，Python 解释器也将退出。

对于可选的 else 和 finally 语句块：

在 try 语句块之后并且没有引发异常时会执行 else 语句块。如果引发了异常，else 语句块将会跳过。

在 try 语句块和所有异常处理执行完后，才会执行 finally 语句块，无论是否有异常发生，finally 语句总会执行。finally 语句块的目的是执行清理操作，例如，关闭文件或其他资源等。

下面通过一个例子演示一下如何使用 try/except 语句来处理异常。文件 sales.txt 中存储了某便利店每天的销售额，每行一个数字，是一天销售额的总和。编写一个程序读取文件并计算出销售额的平均值及总和。要求使用异常处理机制来处理文件不存在、文件为空或者文

件中某些行不是数字等情况。

```
1   total = 0
2   count = 0
3   found = True
4   try:
5       infile = open('sales.txt','r')
6   except FileNotFoundError:
7       print(' 文件未找到。')
8       found = False
9   if found:
10      try:
11          for line in infile:
12              count += 1
13              total += float(line)
14          print(f' 日平均销售额：{total/count:8.2f}')
15      except ValueError:
16          print(f' 第 {count} 行非数字。')
17      except ZeroDivisionError:
18          print(' 文件为空。')
19      else:
20          print(f' 总销售额：{total}。')
21      finally:
22          infile.close()
```

项目拓展 完成自动备份功能

项目目标：

通过 Python 定时任务框架 APScheduler 完成指定文件夹的自动备份功能。

项目要求：

1）增加一个文件清理功能，在备份前清理目录中扩展名为 tmp、bak、chk、old 的临时文件。

2）学习 Python 定时任务框架 APScheduler 的使用方法，实现文件夹的自动备份。

3）为本项目增加一个命令行版本，即在命令行模式输入 pythonbackup.py source target，可以将 sorce 指定的文件夹备份到 target 指定的文件夹。

润物无声 华为鸿蒙系统

华为鸿蒙系统（HUAWEI Harmony OS）是华为公司在 2019 年 8 月 9 日正式发布的操作系统。这是一款基于微内核、耗时 10 年、4000 多名研发人员投入开发、面向 5G 物联网、面向全场景的分布式操作系统。这个新的操作系统将把手机、计算机、平板计算机、电视、工业自动化控制、无人驾驶、车机设备、智能穿戴等统一成一个操作系统。鸿蒙系统创造了一个超级虚拟终端互联的世界,将人、设备、场景有机联系在一起。

华为的鸿蒙操作系统宣告问世,在全球引起反响。人们普遍相信,这款中国电信巨头打造的操作系统在技术上是先进的,并且具有逐渐建立起自己生态的成长力。鸿蒙给国产软件的全面崛起产生战略性的带动和刺激。鸿蒙OS面向全场景智慧化时代,代表我国高科技必须开展的一次战略突围,是我国解决诸多卡脖子问题的一个带动点。

Project 7

项目 7
字符串加密解密

项目介绍

通过恺撒加密法和栅栏加密法对字符串进行加密解密。

学习目标

1. 掌握字符串的索引与切片
2. 掌握字符串的常见操作
3. 掌握字符与Unicode码值的相互转换

项目7 字符串加密解密

任务1　使用恺撒加密法进行加密解密

任务描述

密码学的原理是把可读的消息（明文，plaintext）转换为不可读消息（密文，ciphertext）。明文转换为密文的过程称为加密（encryption），密文转换为明文的反向过程称为解密（decryption）。

恺撒加密（Caesar cipher）是一种古老而简单的加密技术，这个加密方法是以罗马共和国时期恺撒的名字命名的，当年恺撒曾用此方法与其将军们进行联系。恺撒加密是一种替换加密的技术，明文中的所有字母都在字母表上向后（或向前）按照一个固定数目进行偏移后被替换成密文。例如，当偏移量是3的时候，所有的字母A将被替换成D，B变成E，以此类推。

本任务完成一个通过恺撒加密方法对字符串进行加密/解密的程序，根据输入的明文（密文）和偏移量进行加密（解密）。

任务实施

通过恺撒加密方法对字符串进行加密/解密的代码如下：

```
1   def encrypt_char(char, number):
2       if char.isupper():
3           start = ord('A')
4       elif char.islower():
5           start = ord('a')
6       else:
7           return char
8       c = ord(char) - start
9       i = (c + number) % 26 + start
10      return chr(i)
11
12  def decrypt_char(char, number):
13      return encrypt_char(char, -number)
14
15  def encrypt_string(string, number):
16      res = ''
17      for char in string:
```

```
18          res += encrypt_char(char, number)
19      return res
20
21  def decrypt_string(string, number):
22      res = ''
23      for char in string:
24          res += decrypt_char(char, number)
25      return res
26
27  choice = 0
28  choice = int(input(" 加密请输入 1, 解密请输入 2:"))
29  if choice == 1:
30      plain = input(" 请输入要加密的字符串 :")
31      number = int(input(" 请输入偏移量 :"))
32      print(" 密文为： ", encrypt_string(plain, number))
33  elif choice == 2:
34      cipher = input(" 请输入密文： ")
35      number = int(input(" 请输入偏移量： "))
36      print(" 原文为： ", decrypt_string(cipher, number))
37  else:
38      print(" 输入有误 !")
```

代码解析

● 第 1 ~ 10 行：定义 encrypt_char 函数，函数的功能是将明文字符转换为密文字符，如果字符是英文大写或小写字母，则按照偏移量进行偏移后被返回。函数的参数是字符和偏移量。

● 第 2 ~ 7 行：通过一个 if-elif-else 结构对字符进行判断，如果是大写字母则从"A"开始偏移，如果是小写字母则从"a"开始偏移，否则（非大小写字母）不做处理直接返回。

● 第 8 行：使用 ord 函数将字符转换成 Unicode 码值，计算出字符对应的 Unicode 码值和起始字符码值（大写字母对应的是"A"的 Unicode 码值 65，小写字母对应的是"a"的 Unicode 码值 97）的差。

● 第 9 行：将差值与偏移值相加，对 26 取余后再加上起始字符码值，这样就得到了加密后字符的 Unicode 码值。

● 第 10 行：将加密后字符的 Unicode 码值通过 char 函数转换成字符，作为函数的返回值返回。

● 第 12 ~ 13 行：定义 decrypt_char 函数，函数的功能是将密文字符转换为明文字符，函数调用了 encrypt_char 函数，把其偏移量取反，这样就可以实现转换。

● 第 15 ~ 19 行：定义 encrypt_string 函数，函数对字符串进行遍历，每个字符通过 encrypt_char 函数进行加密，结果连接成一个新的字符串，这样是实现了明文到密文的转换。

- 第 21～25 行：定义 decrypt_string 函数，函数对字符串进行遍历，每个字符通过 decrypt_char 函数进行解密，结果连接成一个新的字符串，这样是实现了密文到明文的转换。
- 第 27～38 行：用户通过输入选择加密或解密，输入字符串及偏移量，程序调用相应的函数进行加密或解密，并将结果输出。

任务 2　使用栅栏加密法进行加密解密

任务描述

栅栏加密法是一种比较简单快捷的加密方法，就是把要加密的明文按规律分成 N 个一组，然后把每组连起来，形成密文。

本任务是完成一个通过简单栅栏加密方法对字符串进行加密／解密的程序，将明文字符串分成两组，第一组由明文字符串的偶数位字符组成，第二组由奇数位字符组成。然后把这两组连接在一起形成密文，如图 7-1 所示。

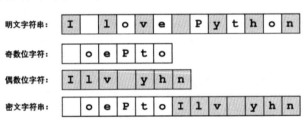

图 7-1　简单的栅栏加密法对字符串进行加密

任务实施

通过简单栅栏加密方法对字符串进行加密／解密的代码如下：

```
1   def fence_encrypt(plain):
2       even_str = ""
3       odd_str = ""
4       count = 0
5       for ch in plain:
6           if count % 2 == 0:
7               even_str += ch
8           else:
9               odd_str += ch
```

```
10        count += 1
11    cipher = odd_str + even_str
12    return cipher
13
14
15 def fence_decrypt(cipher):
16    half_len = len(cipher) // 2
17    even_str = cipher[half_len:]
18    odd_str = cipher[:half_len]
19    plain = ""
20
21    for i in range(half_len):
22        plain += even_str[i]
23        plain += odd_str[i]
24    if len(cipher) % 2 == 1:
25        plain += even_str[-1]
26
27    return plain
28
29
30 choice = 0
31 choice = int(input(" 加密请输入 1, 解密请输入 2:"))
32 if choice == 1:
33    plain = input(" 请输入要加密的字符串 :")
34    print(" 密文为 : ", fence_encrypt(plain))
35 elif choice == 2:
36    cipher = input(" 请输入密文 :")
37    print(" 原文为 :", fence_decrypt(cipher))
38 else:
39    print(" 输入有误 !")
```

代码解析

● 第 1～12 行：定义 fence_encrypt 用于加密，把明文作为参数传入，返回密文。

● 第 2～4 行：定义字符串变量 even_str 和 odd_str 用于存放明文中偶数位和奇数位的字符，count 变量用于计数。

● 第 5～10 行：用 for 循环对字符串进行遍历，分别把偶数位和奇数位的字符累加到变量 even_str 和 odd_str 中。

● 第 11 行：把 odd_str 和 even_str 拼接到一起生成密文 cipher，这里要注意，必须把 odd_str 放在前面，原因是当明文字符串的字符个数为奇数时，odd_str 会比 even_str 少一个字符。

项目7 字符串加密解密

- 第 15～27 行：定义 fence_decrypt 用于解密，把密文作为参数传入，返回原文。
    - 第 16 行：half_len 变量存储的是密文字符串长度整除 2 的结果，用于确定字符串的中间位置。
    - 第 17～18 行：通过中间位置索引对密文字符串进行切片，把字符串划分为两个部分，分别存储到 even_str 和 odd_str 中。
    - 第 21～23 行：通过一个 for 循环，依次从 even_str 和 odd_str 中取一个字符，拼接成一个新字符串。
    - 第 24～25 行：判断一下，如果密文字符串长度为奇数，说明 odd_str 会比 even_str 少一个字符，字符串的最后一个字符就是 even_str 中的最后一个字符，把它添加到 plain 的末尾就完成了从密文到原文的转换。
- 第 30～39 行：用户通过输入选择加密或解密，输入字符串，程序调用相应的函数进行加密或解密，并将结果输出。

需要注意，在程序测试时，应该分别测试一下字符个数为奇数、偶数的字符串，以及一些边界情况，如长度为 1 的字符串、空字符串等。

知识总结　字符串

字符串是 Python 中很重要的一种数据类型，在本项目之前已经多次使用过字符串。字符串也是一种序列，前面在列表、元组中介绍过的一些概念、操作同样适用于字符串。

1．字符串的拼接与重复

字符串通过算术运算符"+"进行拼接（concatenate），如图 7-2 所示。

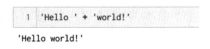

图 7-2　字符串的拼接

需要注意，加法运算符（+）两边必须都是字符串才能进行拼接，否则会引发异常，如图 7-3 所示。

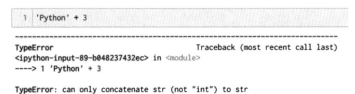

图 7-3　拼接异常

另一种可以用于字符串的算术运算符是"*"，当乘法运算符左侧是字符串，右侧是整数时就变成了重复运算符，如图 7-4 所示。

```
1  'Python' * 3
```
'PythonPythonPython'

图 7-4　字符串的重复

2．索引与切片

通过索引可以访问字符串中的各个字符，索引的方式和列表、元组一样，如图 7-5 所示。

```
1  my_str = "Python"
2  print(my_str[0],my_str[2],my_str[4])
```
P t o

图 7-5　索引

对序列数据的切片操作也适用于字符串，字符串的切片也称为子字符串。图 7-6 所示为通过切片操作返回字符串的前三个字符。

```
1  "Python"[:3]
```
'Pyt'

图 7-6　切片

3．字符串搜索

in 和 not in 操作符用来测试一个元素或序列是否在另一个序列中。对于字符串来说，一般形式为 substring in string（substring not in string）。

substring 和 string 可以是字符串本身或者引用字符串的变量，如果 substring 包含在 string 中，表达式返回 True，否则返回 False。not in 则用于判断一个字符串是否不包含在另一个字符串中。in 和 not in 的用法如图 7-7 所示。

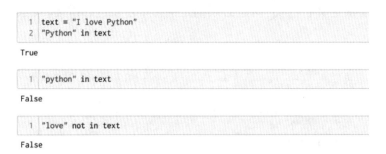

图 7-7　in 和 not in 的用法

4．字符串方法

Python 中字符串处理的方法很多，表 7-1 中列出了常用的字符串方法。

表 7-1 常用的字符串方法

类别	方法	说明
字符串测试方法（测试字符串的值）	isalnum()	如果字符串只包含字母或数字，并且长度至少为 1 字符，则返回 True，否则返回 False
	isalpha()	如果字符串只包含字母，并且长度至少为 1 字符，则返回 True，否则返回 False
	isdigit()	如果字符串只包含数字，并且长度至少为 1 字符，则返回 True，否则返回 False
	islower()	如果字符串中所有字母都是小写，并且至少包含 1 个字母，则返回 True，否则返回 False
	isspace()	如果字符串只包含空白字符（whitespace characters），并且长度至少为 1 字符，则返回 True，否则返回 False（空白字符包括空格、\n 和 \t）
	isupper()	如果字符串中所有字母都是大写，并且至少包含 1 个字母，则返回 True，否则返回 False
修改字符串方法	lower()	返回所有字母转换为小写字母的字符串副本，已经是小写字母或不是字母的字符无须修改
	lstrip()	返回删除所有前导空白字符的字符串副本。前导空白字符包括空格、\n 以及 \t
	lstrip(char)	char 参数是包含字符的字符串，该方法返回删除所有前导 char 字符的字符串副本
	rstrip()	返回删除所有尾部空白字符的字符串副本。尾部空白字符包括空格、\n 以及 \t
	rstrip(char)	char 参数 是包含字符的字符串，该方法返回删除所有尾部 char 字符的字符串副本
	strip()	返回删除前导和尾部空白字符的字符串副本
	strip(char)	返回删除前导和尾部 char 字符的字符串副本
	upper()	返回所有字母转换为大写字母的字符串副本，已经是大写字母或不是字母的字符无须修改
	split()	用于分割字符串，默认情况下，split 方法使用空格作为分隔符，返回一个列表。可以用参数传递的方式为 split 方法指定分隔符
	join()	用于将序列中的元素以指定的字符连接生成一个新的字符串，语法格式为：newstr = sep.join(iterable) newstr 表示合并后生成的新字符串，sep 用于指定合并时的分隔符，iterable 是做合并操作的数据，允许以字符串、列表、元组等形式提供
搜索和替换	endswith(substring)	substring 参数是一个字符串。如果一个字符串以 substring 结尾，该方法返回 True
	find(substring)	substring 参数是一个字符串。该方法返回字符串中找到 substring 的最小索引位置，如果没找到返回 –1
	replace(old, new)	old 和 new 参数都是字符串。该方法返回将所有 old 替换为 new 的字符串副本
	startswith(substring)	substring 参数是一个字符串。如果一个字符串以 substring 开头，该方法返回 True

常用的字符串方法示例如图 7-8 和图 7-9 所示。

```
1  # 字符串测试方法
2  "abc".isalnum()
```
True

```
1  "abc123".isalnum()
```
True

```
1  "abc 123".isalnum()
```
False

```
1  "AbcD".isalpha()
```
True

```
1  "AbcD123".isalpha()
```
False

```
1  "123".isdigit()
```
True

```
1  "123abc".isdigit()
```
False

```
1  "abc".islower()
```
True

```
1  "Abc".islower()
```
False

```
1  "ABC".isupper()
```
True

```
1  "Abc".isupper()
```
False

```
1  "\n\t".isspace()
```
True

```
1  " ".isspace()
```
True

```
1  "a b".isspace()
```
False

图 7-8　字符串测试方法

项目7 字符串加密解密

```
1  # 修改字符串方法
2  "ABcd".lower()
```
'abcd'

```
1  "ABcd".upper()
```
'ABCD'

```
1  " abc\n".lstrip()
```
'abc\n'

```
1  " abc\n".rstrip()
```
' abc'

```
1  "**abc*".lstrip("*")
```
'abc*'

```
1  "**abc*".rstrip("*")
```
'**abc'

```
1  # 分割字符串
2  "one two three".split()
```
['one', 'two', 'three']

```
1  "2008-8-8".split()
```
['2008-8-8']

```
1  "2008-8-8".split("-")
```
['2008', '8', '8']

```
1  # 分割字符串
2  "one two three".split()
```
['one', 'two', 'three']

```
1  "2008-8-8".split()
```
['2008-8-8']

```
1  "2008-8-8".split("-")
```
['2008', '8', '8']

```
1  # 连接字符串
2  ",".join('abcd')
```
'a,b,c,d'

```
1  "-".join(['2008', '8', '8'])
```
'2008-8-8'

```
1  # join方法进行连接的必须是字符串
2  # 以下代码会导致异常
3  "-".join([2008, 8, 8])
```

```
---------------------------------------------------------------------------
TypeError                                 Traceback (most recent call last)
<ipython-input-131-15ed06fb161e> in <module>
      1 # join方法进行连接的必须是字符串
      2 # 以下代码会导致异常
----> 3 "-".join([2008, 8, 8])

TypeError: sequence item 0: expected str instance, int found
```

图 7-9 修改字符串方法

5. 字符串函数

Python 中的一些内置函数可以把字符转换为数字，也可以把数字转换为字符。

（1）str 函数

str 函数的功能是把数字转换为字符串，如图 7-10 所示。

```
1  str(10)
```
'10'

```
1  str(2.5)
```
'2.5'

图 7-10　str 函数

（2）ord 函数

ord 函数的功能是把单个字符转换为对应的 Unicode 码，如图 7-11 所示。

```
1  ord('A')
```
65

```
1  ord('a')
```
97

```
1  ord("中")
```
20013

```
1  ord('abc')
```
```
---------------------------------------------------------------------------
TypeError                                 Traceback (most recent call last)
<ipython-input-138-f1b32d9f426c> in <module>
----> 1 ord('abc')

TypeError: ord() expected a character, but string of length 3 found
```

图 7-11　ord 函数

需要注意，ord 函数只能转换单个字符（长度为 1 的字符串）。

（3）char 函数

char 函数的功能和 ord 函数正好相反，它将 Unicode 码值转换为对应的字符，如图 7-12 所示。

```
1  chr(65)
```
'A'

```
1  chr(ord('A') + 32)
```
'a'

```
1  chr(20013)
```
'中'

图 7-12　char 函数

可以看到，把英文大写字母的 Unicode 码值增加 32，就可以转换为小写字母。

项目拓展　改进加密算法增强安全性

项目目标：

本项目的两种加密方法的安全性很低，可以考虑改进加密算法，或将两种加密方法结合起来进行多次加密以提高安全性。

项目要求：

1) 设计一个加密算法，将明文先通过恺撒加密法进行一次加密，得到的密文再通过栅栏加密法进行二次加密。

2) 改进栅栏加密法，将明文字符串按照图 7-13 所示分成三组，再组合生成密文。

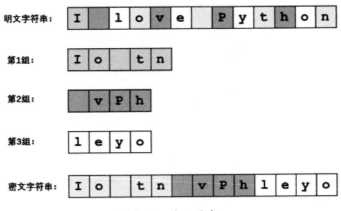

图 7-13　分组要求

润物无声　信息安全

国家安全与每个公民息息相关，近年来网络信息技术飞速发展，国家信息系统的安全也越来越重要。密码技术是实现信息安全的支撑技术，为了提高关键领域密码算法的安全性，科学家们不断探索，针对已有的各类密码找寻破译方法，在此基础上弥补漏洞，设计出更加安全的密码。

2004 年和 2005 年，山东大学教授王小云带领我国研究团队先后"破解"了 MD5 和 SHA-1 两大国际上公认最先进、应用范围最广的重要算法，震动了国际密码学界。她的创新性密码分析方法揭示了 MD5 和 SHA-1 两个被广泛使用的密码哈希函数的弱点，促进了新一代密码哈希函数标准。之后王小云和国内其他专家将密码破译工作的经验运用于密码系统之中，设计了我国首个哈希函数算法标准 SM3，其安全性得到国内外高度认可。经国家密码管理局审批的含 SM3 的密码产品如金融社保卡、新一代银行芯片卡与智能电表等相关产品已经在全国广泛使用。

Project 8

项目8
天气数据分析与可视化

项目介绍

从互联网获取北京市2020年的天气数据,进行数据分析及可视化。

学习目标

1. 了解如何获取网页中的数据
2. 掌握使用pandas库读写数据、获取数据信息及数据选择的方法
3. 掌握使用pandas库进行文本处理、函数处理的方法
4. 掌握使用pandas库进行数据分组聚合的方法
5. 掌握使用matplotlib及pandas进行简单数据可视化的方法

项目8
天气数据分析与可视化

任务 1　获取天气数据

任务描述

从 https://lishi.tianqi.com 获取北京市 2020 年全年的天气数据并保存到文件中。

任务实施

```
1   import requests
2   from lxml import etree
3   import pandas as pd
4   
5   def get_html(month):
6       headers = {
7       "Accept-Encoding": "Gzip",
8       "User-Agent": "Mozilla/5.0 (Windows NT 10.0; Win64; x64) AppleWebKit/537.36 (KHTML, like Gecko)
            Chrome/83.0.4103.97 Safari/537.36",
9       }
10      url = f'https://lishi.tianqi.com/beijing/{month}.html'
11      
12      result = requests.get(url, headers=headers)
13      result_html = etree.HTML(result.text)
14      
15      return result_html
16  
17  # 月份参数列表
18  month_list = pd.period_range('202001', '202012', freq='M').strftime('%Y%m')
19  df = pd.DataFrame(columns=[' 日期 ',' 最高气温 ',' 最低气温 ',' 天气 ',' 风向 '])
20  for i, month in enumerate(month_list):
21      result_html = get_html(month)
22      # 找到存放历史天气数据的 div 节点
23      div = result_html.xpath('.//div[@class="tian_three"]')[0]
24      # 每个日期的历史天气数据的 li 节点组成的列表
25      lis = div.xpath('.//li')
```

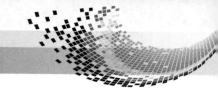

```
26      for li in lis:
27          item = {
28              '日期': li.xpath('./div[@class="th200"]/text()')[0],
29              '最高气温': li.xpath('./div[@class="th140"]/text()')[0],
30              '最低气温': li.xpath('./div[@class="th140"]/text()')[1],
31              '天气': li.xpath('./div[@class="th140"]/text()')[2],
32              '风向': li.xpath('./div[@class="th140"]/text()')[3]
33          }
34          df = df.append(item, ignore_index=True)
35      print(f'{i+1}/12 月数据已获取 ')
36  df.to_csv(r'bj2020.csv', index=None)
```

代码解析

- 第 1~3 行：导入需要的库。
    - 第 1 行导入的 requests 是最简单易用的 HTTP 库，可以非常方便地处理 URL 资源。
    - lxml 是 Python 的一个解析库，支持 HTML 和 XML 的解析，支持 XPath 解析方式，从其中导入 etree 模块，在后面用于通过 Xpath 解析 DOM 树，可以很方便的从 html 源代码中得到自己想要的内容。
    - pandas 是 Python 数据分析必备的第三方库，它使用极其强大的数据结构提供了高性能的数据处理和分析工具。

- 第 5~15 行：定义了 get_html 函数用于获取对应月份（month 参数指定，格式为 YYYYMM）的网页，将字符串格式的 HTML 文档对象，转变成 _Element 对象，方便后续使用 Xpath() 等方法进行解析。

- 第 18 行：通过 pandas 的 period_range 函数创建规则的时期范围：202001 至 202012，频率是月，最后用内置函数 strftime() 将日期格式化为 YYYYMM 的格式，得到一个月份列表。

- 第 19 行：创建了一个 DataFrame（pandas 中的数据结构，相当于一张表格）并指定了列名。

- 第 20~34 行：通过一个嵌套循环解析网页，获取需要的数据写入刚才创建的 DataFrame 中。
    - 外层循环对月份列表进行迭代，找到存放历史天气数据的 div 节点，得到每个日期的历史天气数据的 li 节点组成的列表。
    - 内层循环则遍历 li 节点组成的列表，获取到每日的数据写入 DataFrame 中。

- 第 36 行，通过 pandas 的 to_csv 方法将 DataFrame 写入 bj2020.csv 文件中。

项目8 天气数据分析与可视化

任务 2　数据整理

任务描述

了解待分析的数据，针对数据分析的目标对数据进行整理。

任务实施

1．读取并概览数据

```
1  import pandas as pd
2  df_bj_2020 = pd.read_csv('bj2020.csv')
3  df_bj_2020.sample(10)
```

- 第 1 行：导入 pandas 模块并命名为 pd。
- 第 2 行：使用 pandas 的 read_csv 方法将数据读取到 DataFrame 中。
- 第 3 行：调用 pandas 的 sample 方法随机读取 10 条数据。

2．整理数据

通过对数据的观察，发现如下问题：

1）日期列中有日期星期混在一起的情况。

2）最高气温、最低气温数据中带有摄氏度符号。

3）某些数据类型不符合数据分析的要求。

针对这些问题进行如下处理：

（1）将星期从日期列中拆分出来

```
df_bj_2020[[' 日期 ',' 星期 ']] = df[' 日期 '].str.split(' ', expand=True,n=1)
```

观察到日期列中，日期和星期是用空格分隔开的，因此可以使用 pandas 的 str.split() 方法进行拆分，这里需要注意 expand 参数，如果拆分出来的星期数据需要保留，expand 参数应为 True，否则设置 expand=False 即可。这里选择了保留星期数据。

（2）去掉气温中的单位符号

```
df_bj_2020[[' 最高气温 ',' 最低气温 ']] = df_bj_2020[[' 最高气温 ',' 最低气温 ']].apply(lambda x: x.str.replace('℃ ',' '))
```

pandas 的 apply 函数可以自动遍历整个 Series 或者 DataFrame，对每一个元素调用指定的函数。这里对最高气温、最低气温两列数据调用了匿名函数，将气温数据中的"℃"替换为空字符。

（3）数据类型转换

```
df_bj_2020.info()
```

运行结果如图 8-1 所示。

```
<class 'pandas.core.frame.DataFrame'>
RangeIndex: 366 entries, 0 to 365
Data columns (total 6 columns):
 #   Column   Non-Null Count  Dtype
---  ------   --------------  -----
 0   日期       366 non-null    object
 1   最高气温     366 non-null    object
 2   最低气温     366 non-null    object
 3   天气       366 non-null    object
 4   风向       366 non-null    object
 5   星期       366 non-null    object
dtypes: object(6)
memory usage: 17.3+ KB
```

图 8-1　通过 pandas 的 info 方法了解数据信息

通过 pandas 的 info 方法可以看到目前日期、气温都是文本类型，为了后续分析，需要把日期拆分成年月日三列，将气温转换成数值型。

```
1  df_bj_2020['日期'] = pd.to_datetime(df_bj_2020['日期'])
2  df_bj_2020['年份'] = df_bj_2020['日期'].dt.year
3  df_bj_2020['月份'] = df_bj_2020['日期'].dt.month
4  df_bj_2020['日'] = df_bj_2020['日期'].dt.day
5  df_bj_2020[['最高气温','最低气温']] = df_bj_2020[['最高气温','最低气温']].astype('int')
```

- 第 1 行：通过 pandas 的 to_datetime() 方法把日期列转换成日期类型（datetime64）。
- 第 2 行：用 pandas.Series.dt.year 获取日期中的年份并写入新列"年份"中。
- 第 3 和第 4 行：分别用 pandas.Series.dt.month 和 pandas.Series.dt.day 获取日期中的月和日写入对应的列中。
- 第 5 行：用 pandas 的 astype() 方法将最高气温和最低气温列转换为整型数据。

这时再来通过 pandas 的 info 方法看一下数据类型，如图 8-2 所示。

```
<class 'pandas.core.frame.DataFrame'>
RangeIndex: 366 entries, 0 to 365
Data columns (total 9 columns):
 #   Column   Non-Null Count  Dtype
---  ------   --------------  -----
 0   日期       366 non-null    datetime64[ns]
 1   最高气温     366 non-null    int64
 2   最低气温     366 non-null    int64
 3   天气       366 non-null    object
 4   风向       366 non-null    object
 5   星期       366 non-null    object
 6   年份       366 non-null    int64
 7   月份       366 non-null    int64
 8   日        366 non-null    int64
dtypes: datetime64[ns](1), int64(5), object(3)
memory usage: 25.9+ KB
```

图 8-2　完成数据类型转换之后的数据信息

项目 8
天气数据分析与可视化

至此完成了对数据的整理,可以继续进行数据分析了。

任务 3 数据分析与可视化

任务描述

对北京 2020 年全年的天气数据做如下分析:
1) 统计每月有降水的天数,绘制柱形图。
2) 绘制 2020 年 3 月的气温走势图。
3) 计算每月的平均气温,绘制折线图。

任务实施

1. 统计每月有降水的天数,绘制柱形图

首先,降水数据在现有的数据中是没有的,需要根据条件进行判断,在"天气"列中如果有"雨"或"雪"字样,则可判断这一天有降水。

```
1  df_bj_2020.loc[df_bj_2020['天气'].str.contains('雨|雪'),'是否降水']='是'
2  df_bj_2020.fillna('否',inplace=True)
3  df_bj_2020.sample(10)
```

运行结果如图 8-3 所示。

	日期	最高气温	最低气温	天气	风向	星期	年份	月份	日	是否降水
218	2020-08-06	31	24	多云	南风 2级	星期四	2020	8	6	否
16	2020-01-17	3	-7	霾转晴	西北风 1级	星期五	2020	1	17	否
204	2020-07-23	33	22	晴	东南风 2级	星期四	2020	7	23	否
302	2020-10-29	18	4	晴	西风 1级	星期四	2020	10	29	否
81	2020-03-22	22	3	晴	西南风 2级	星期日	2020	3	22	否
128	2020-05-08	17	13	多云	东风 2级	星期五	2020	5	8	否
103	2020-04-13	26	6	晴转多云	南风 2级	星期一	2020	4	13	否
65	2020-03-06	10	-2	阴转雨	北风 2级	星期五	2020	3	6	是
21	2020-01-22	6	-5	晴	北风 1级	星期三	2020	1	22	否
254	2020-09-11	22	20	多云	北风 2级	星期五	2020	9	11	否

图 8-3 运行结果

代码解析

● 第 1 行：用 .str.contains() 来实现字符串的模糊筛选（类似 SQL 语句中的 like），筛选出"天气"列中包含"雨"或"雪"的行，新增"是否降水"列，赋值为"是"。

● 第 2 行："是否降水"列中所有空值（即无降水的行）赋值为"否"。

● 第 3 行：随机显示 10 条数据，从结果看，3 月 6 日天气为"阴转雨"，"是否降水"为"是"。

有了降水数据，现在就可以进行统计了：

```
4  precipitationData = df_bj_2020[df_bj_2020[' 是否降水 ']==' 是 ']
5  precipitationDays = precipitationData.groupby(' 月份 ')[' 日期 '].count().to_frame(' 降水天数 ').reset_index()
6  print(precipitationDays)
```

运行结果：

```
   月份  降水天数
0   1    2
1   2    3
2   3    4
3   4    2
4   5    5
5   6    1
6   7    3
7   8    2
8   9    2
```

代码解析

● 第 4 行：筛选出"是否降水"列值为"是"的数据，写入 precipitationData。

● 第 5 行：按照月份对降水天数进行计数，结果写入"降水天数"列。

● 第 6 行：打印 precipitationDays，可以看到 1～9 月份都有降水，10～12 月无降水。

最后，把统计结果绘制成柱形图：

```
7  from matplotlib import pyplot as plt
8  plt.rcParams['font.sans-serif'] = ['SimHei','Songti SC']
9  precipitationDays.plot.bar(' 月份 ',' 降水天数 ')
```

运行结果如图 8-4 所示。

项目8
天气数据分析与可视化

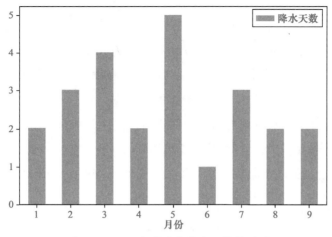

图 8-4　2020 年每月有降水天数柱形图

代码解析

- 第 7 行：从 matplotlib 库导入 pyplot 并命名为 plt。
- 第 8 行：设置中文字体。
- 第 9 行："月份"列数据作为 X 轴，"降水天数"列数据作为 Y 轴，绘制柱状图。

2．绘制 2020 年 3 月气温走势图

```
1  import matplotlib.pyplot as plt
2  df_March = df_bj_2020[df_bj_2020['月份'] == 3][['最高气温','最低气温']]
3  dates = range(1,32)
4  highs = df_March['最高气温']
5  lows = df_March['最低气温']
6  plt.plot(dates, lows)
7  plt.plot(dates,highs)
8  plt.fill_between(dates,highs,lows,facecolor='blue',alpha=0.2
```

运行结果如图 8-5 所示。

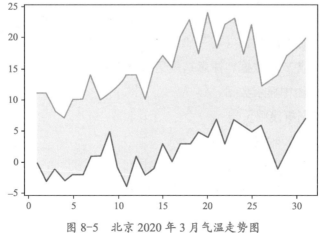

图 8-5　北京 2020 年 3 月气温走势图

代码解析

- 第1行：从 matplotlib 库导入 pyplot 并命名为 plt。
- 第2行：筛选出3月份的最高气温与最低气温数据，写入 df_March。
- 第3行：生成数字序列 1～31 作为 X 轴数据。
- 第4、5行：筛选出最高气温与最低气温数据，分别写入变量 highs 和 lows。
- 第6行：绘制最低气温折线图，X 轴为 dates，Y 轴为 lows。
- 第7行：绘制最高气温折线图，X 轴为 dates，Y 轴为 highs。
- 第8行：在最高气温与最低气温折线之间进行填充。

3．**计算每月的平均气温，绘制月平均气温折线图**

```
1   import matplotlib.pyplot as plt
2   fig = plt.figure(dpi=200,figsize=(8,6))
3   df_bj_2020['平均气温'] = (df_bj_2020['最高气温'] + df_bj_2020['最高气温']) / 2
4   df_avgTemp = df_bj_2020.groupby('月份')['平均气温'].mean().to_frame('平均气温')
5   x = range(1, 13)
6   y = df_avgTemp['平均气温'].round(1)
7   plt.plot(x,y, linewidth=1)
8   plt.xticks(range(1,13))
9   for x1, y1 in zip(x, y):
10      plt.text(x1, y1+0.5, str(y1), ha='center', va='bottom', fontsize=10)
11  plt.savefig('avgTemp.png')
12  plt.show()
```

代码解析

- 第2行：设置绘图的分辨率及尺寸。
- 第3行：首先计算出每日的平均气温，将结果写入新列"平均气温"。
- 第4行：按月计算出平均气温，将结果写入 df_avgTemp。
- 第5行：生成 X 轴数据（1～12）。
- 第6行：生成 Y 轴数据，注意这里用 round 函数保留了数据的小数点后一位，主要是考虑到要在折线图中显示数据。
- 第7行：绘制折线图。
- 第8行：设置 X 轴刻度。
- 第9、10行：将平均气温数据显示在图中。
- 第11行：将绘制的图像保存到文件 avgTemp.png 中。

运行结果如图 8-6 所示。

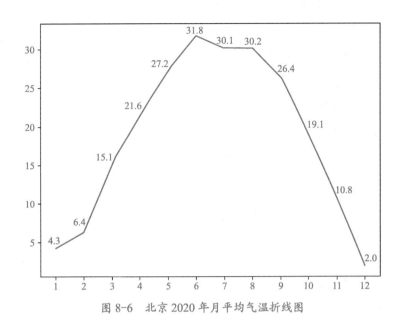

图 8-6　北京 2020 年月平均气温折线图

知识总结　网页数据提取、pandas 基础

1．HTTP 基本原理

HTTP（Hyper Text Transfer Protocol，超文本传输协议）是用于从万维网（World Wide Web，WWW）服务器传输超文本到本地浏览器的传送协议。HTTP 工作于客户端 - 服务端架构上，浏览器作为 HTTP 客户端通过 URL（Uniform Resource Locator，统一资源定位符）向 HTTP 服务端（即 Web 服务器）发送请求，Web 服务器根据接收到的请求，向客户端发送响应信息。这个过程如图 8-7 所示。

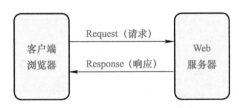

图 8-7　HTTP 数据请求响应过程

（1）HTTP 请求 / 响应的步骤。

1）客户端连接到 Web 服务器。

HTTP 客户端（通常是浏览器）与 Web 服务器的 HTTP 端口（默认为 80）建立一个连接。

2）发送 HTTP 请求。

客户端向 Web 服务器发送一个文本的请求报文。

3）服务器接受请求并返回 HTTP 响应。

Web 服务器解析请求，定位请求资源。服务器将资源副本写到 TCP，由客户端读取。

4）关闭 TCP 连接。

根据不同情况，服务器主动关闭 TCP 连接，客户端被动关闭连接，或者连接会保持一段时间，在该时间内可以继续接收请求。

5）客户端浏览器解析 HTML 内容。

客户端浏览器首先解析状态行，查看表明请求是否成功的状态代码，然后解析每一个响应头，响应头告知以下内容为若干字节的 HTML 文档和文档的字符集。客户端浏览器读取响应数据 HTML，根据 HTML 的语法对其进行格式化，并在浏览器窗口中显示。

（2）请求（requests）

请求由客户端发往服务器，包括请求方法、请求的 URL、请求头和请求体。常见的请求方法有两种：GET 和 POST。GET 请求中的参数包含在 URL 中，GET 请求提交的数据最多为 1024 字节。POST 请求的 URL 不会包含数据，数据会包含在请求体中，像用户登录的用户名、密码等敏感信息，最好使用 POST 请求。

（3）响应（response）

响应由服务器返回给客户端，可以分为 3 个部分：响应状态码、响应头和响应体。

1）响应状态码。响应状态码分为 5 类，表示服务器的响应状态，如 200 代表正常响应、403 代表禁止访问、500 代表服务器内部错误等。表 8-1 列出了常用的响应状态码。

表 8-1 常用响应状态码

类别		状态码	说明
1××	Informational 信息性状态码	100	继续
		101	切换协议
2××	Success 成功状态码	200	正常响应
		201	已创建
		202	已接收
		203	非授权信息
		204	无内容
		205	重置内容
		206	部分内容
3××	Redirection 重定向状态码	301	永久移动
		302	临时移动
		303	查看其他位置
		304	未修改
		305	使用代理
		307	临时重定向

(续)

类别		状态码	说明
4××	ClientError 客户端错误状态码	400	错误请求
		401	未授权
		403	禁止访问
		404	未找到
		405	方法禁用
		406	不接收
		407	需要代理授权
		408	请求超时
		409	冲突
		410	已删除
		411	需要有效长度
		412	未满足前提条件
		413	请求实体过大
		414	请求 URL 过长
		415	不支持类型
		416	请求范围不符
		417	未满足期望值
5××	ServerError 服务器错误状态码	500	服务器内部错误
		501	未实现
		502	错误网关
		503	服务不可用
		504	网关超时
		505	HTTP 版本不支持

2) 响应头。响应头包含了服务器对请求的应答信息，包括 Content-Encoding（响应内容的编码）、Content-Type（返回数据类型）及 Expires（响应过期时间）等。

3) 响应体。响应的主要数据在响应体中，请求网页时，响应体就是网页的 HTML 代码，通过对响应体的解析就可以获取网页中需要的数据。

2．requests

从网页中获取数据，最基本的操作就是模拟浏览器向服务器发出请求。Python 提供了功能强大的类库来实现这些请求，最常用的 HTTP 有 urllib、requests、httpx 等，任务 1 中使用的是 requests。

requests 是一个 Python 第三方库，处理 URL 资源非常方便。作为第三方库，需要通过 pip install requests 命令等方式安装才能使用，如果使用 Anaconda 就不必安装了。

请求 URL

通过 requests 发送 GET 请求和 POST 请求的示例如下：

```
import requests
r = requests.get('https://www.baidu.com/')
```

requests.get 返回一个响应对象 r，可以利用这个对象得到想要的信息。例如，r.status_code 会返回请求 URL 的状态码，r.text 会返回请求 URL 的网页源代码，r.encoding 会返回请求 URL 的网页编码。

如果请求的 URL 带有参数，可以传入一个字典作为参数，例如，想请求的 URL 是 https://www.douban.com/search?cat=1001&q=python，就需要这样：

```
r = requests.get('https://www.douban.com/search', params={'cat': '1001', 'q': 'python 编程'})
```

需要传入 HTTP Header 时，传入一个字典作为 headers 参数：

```
headers = {
"Accept-Encoding": "Gzip",
"User-Agent": "Mozilla/5.0 (Windows NT 10.0; Win64; x64) AppleWebKit/537.36 (KHTML, like Gecko) Chrome/83.0.4103.97 Safari/537.36",
    }
url = f'https://lishi.tianqi.com/beijing/{month}.html'
r = requests.get(url, headers=headers)
```

要发送 POST 请求，只需要把 get() 方法变成 post()，然后传入 data 参数作为 POST 请求的数据：

```
r = requests.post('https://accounts.douban.com/login', data={'form_email': 'abc@example.com', 'form_password': '123456'})
```

3．lxml

lxml 是 Python 的一个解析库，主要功能是解析和提取 HTML/XML 数据。lxml 支持 XPath 解析方式，解析效率高。下面介绍 lxml 库的基本使用。

（1）从字符串中解析 HTML 代码：etree.HTML(str)

```
etree.HTML(text, parser=None, base_url=None)
```

作用：

将字符串解析为 HTML 文档，解析 HTML 代码的时候，如果 HTML 代码不规范，自动进行补全。

参数：

text：html 字符串。

parser：主要是重写 overrie 函数的解析机制时传入，一般不用。

base_url: 为生成的 HTML 文档设置 URL，以此来支持查找外部实体时可使用相对路径。

返回值：

返回一个 <class 'lxml.etree._Element'> 对象。

示例：

```
1  from lxmlimport etree
2  text = '''
3  <div>
4  <ul>
5  <li class="item-0"><a href="link1.html">item 1</a></li>
6  <li class="item-1"><a href="link2.html">item 2</a></li>
7  <li class="item-inactive"><a href="link3.html">item 3</a></li>
8  <li class="item-1"><a href="link4.html">item 4</a></li>
9  <li class="item-0"><a href="link5.html">item 5</a><!-- 注意 这里少了一个 <li> 标签 -->
10 </ul>
11 </div>
12 '''
13 html = etree.HTML(text)
14 print(type(html))
15 print(html)
```

运行结果：

```
<class 'lxml.etree._Element'>
<Element html at 0x1240612a9c0>
```

接下来可以利用 etree.tostring(html) 按字符串将 HTML 文档序列化为 bytes 类型：

```
bytes_res = etree.tostring(html)
print(bytes_res)
```

运行结果：

```
b'<html><body><div>\n  <ul>\n    <li class="item-0"><a href="link1.html">item 1</a></li>\n    <li class="item-1"><a href="link2.html">item 2</a></li>\n    <li class="item-inactive"><a href="link3.html">item 3</a></li>\n    <li class="item-1"><a href="link4.html">item 4</a></li>\n    <li class="item-0"><a href="link5.html">item 5</a><!-- 注意 这里少了一个 <li> 标签 -->\n  </li></ul>\n </div>\n</body></html>'
```

可通过 decode('utf-8') 解码为 str 类型：

```
str_res = bytes_res.decode('utf-8')
print(str_res)
```

运行结果：

```
<html><body><div>
<ul>
<li class="item-0"><a href="link1.html">item 1</a></li>
<li class="item-1"><a href="link2.html">item 2</a></li>
<li class="item-inactive"><a href="link3.html">item 3</a></li>
<li class="item-1"><a href="link4.html">item 4</a></li>
<li class="item-0"><a href="link5.html">item 5</a><!--&#27880;&#24847; &#36825;&#37324;&#23569;&#20102;&#19968;&#20010;<li>&#26631;&#31614;-->
</li></ul>
</div>
</body></html>
```

可以看到 lxml 会自动修改 HTML 代码。上面的例子中不仅补全了 li 标签，还添加了 body、html 标签。此时还有一个问题，字符串中的中文还是乱码。原因是 etree.tostring() 函数有一个参数 xml_declaration，默认是把 ASCII 编码的字符串转为 HTML 文档。这意味着传入的字符串中不能含有中文等，因此若含有中文需要指定参数 encoding='utf-8'。

修改代码如下：

```
str_res = etree.tostring(html, encoding = 'utf-8').decode('utf-8')
print(str_res)
```

运行结果：

```
<html><body><div>
<ul>
<li class="item-0"><a href="link1.html">item 1</a></li>
<li class="item-1"><a href="link2.html">item 2</a></li>
<li class="item-inactive"><a href="link3.html">item 3</a></li>
<li class="item-1"><a href="link4.html">item 4</a></li>
<li class="item-0"><a href="link5.html">item 5</a><!-- 注意这里少了一个 <li> 标签 -->
</li></ul>
</div>
</body></html>
```

这样就解决了中文字符乱码的问题。

（2）从文件中读取解析 HTML 代码：etree.parse(file)

```
parse(source, parser = None, base_url = None)
```

返回值：返回一个 ElementTree 对象。

参数：

source：可以是文件名、文件对象或者一个 HTTP 或 FTP 的 URL。

parser：解析器，如果不提供解析器作为第二个参数，则使用默认解析器。

示例：

```
1   from lxmlimport etree
2   html = etree.parse('demo.html')
3   res = etree.tostring(html)
4   print(res.decode('utf-8'))
```

运行结果：

```
XMLSyntaxError: Opening and ending tag mismatch: li line 7 and ul, line 8, column 11
```

可以看到，从 HTML 文件中直接读取，如果存在 HTML 语法错误，则不会像从字符串中读取那样自动修正，而是会引发异常。

4．XPath

lxml 可以利用 XPath 来解析 HTML。XPath（XML Path Language，XML 路径语言）是一门在 XML 文档中查找信息的语言，同样适用于 HTML 文档的搜索。XPath 使用路径表达式来选取 XML/HTML 文档中的节点或者节点集。XPath 的功能十分强大，它除了提供简洁的路径表达式外，还提供了 100 多个内建函数，包括处理字符串、数值、日期以及时间的函数。

（1）XPath 节点关系

在 XPath 中，有七种类型的节点：元素、属性、文本、命名空间、处理指令、注释以及文档（根）节点。XML/HTML 文档是作为节点树被对待的。树的根被称为文档节点或者根节点。

下面通过一段 HTML 代码来说明 HTML 节点之间的关系：

```
1   <div class="header-wrapper">
2   <a href="http://www.baidu.com">
3   <a href="http://cn.bing.com"><img src="xxx" alt=" 必应 " /></a>
4   </div>
```

1）父节点（Parent）。元素 div 是元素 a 的父节点；第二个元素 a 也是元素 img 的父节点。

2）子节点（Children）。元素 a 是元素 div 的子节点；元素 img 是元素 a 的子节点。

3）兄弟/同胞节点（Sibling）。兄弟节点在 HTML 中的地位相等，它们有相同的父节点。在上面的代码中，两个 a 元素互为兄弟节点。

4）先辈节点（Ancestor）。对于 img 元素来说，它的父节点（第二个 a 元素）和它父节点的父节点（元素 div）统称为 img 的先辈节点。在一个 HTML 文件中，先辈节点一般不唯一，比如这里，元素 img 的先辈节点包含两个元素。

5）后代节点（Descendant）。对于 img 元素来说，它的子节点（第二个 a 元素），和它子节点的子节点（元素 img）统称为 div 的后代节点。

(2) Xpath 基本语法

1) 路径表达式。XPath 使用路径表达式来选取 XML/HTML 文档中的节点或节点集。表 8-2 中列出了常用的路径表达式。

表 8-2 XPath 常用路径表达式

表达式	描述	示例	解释
nodename	选取此节点的所有子节点	'//div'	找到 HTML 树中的所有 div 标签
/	从根节点选取	'/div/a'	从根节点找到 divàa
//	选取任意位置的某个节点	'//p'	HTML 中所有 p 标签
.	选取当前节点	'.'	返回当前节点对象
..	选取当前节点的父节点	'/html/head/..'	返回 head 的父节点 HTML
@	选取属性	'//div[@class="tian_three"]'	返回具有属性 class，并且 class 的值为 "tian_three" 的节点

2) 通配符。XPath 表达式的通配符可以用来选取未知的节点元素，基本语法见表 8-3。

表 8-3 XPath 表达式的通配符

通配符	说明	示例	解释
*	匹配任意元素节点	'//div/*'	返回所有满足条件的节点
@*	匹配任意属性节点	'//div[@*]'	返回所有具有属性的 div 对象
node()	匹配任意类型的节点		

3) 多路径匹配。多个 XPath 路径表达式可以同时使用，其语法如下：

XPath 表达式 1 | XPath 表达式 2 | XPath 表达式 3

例如：表达式 "/html/head | //div" 表示返回所有 head 节点或者 div 节点。

(3) XPath 内建函数

XPath 提供 100 多个内建函数，这些函数可以实现文本匹配、模糊匹配以及位置匹配等，表 8-4 列出来一些常用的内建函数。

表 8-4 XPath 常用内建函数

函数名称	示例	示例说明
text()	./text()	文本匹配，表示只取当前节点中的文本内容
contains()	//div[contains(@id,'sep')]	模糊匹配，表示选择 id 中包含 "sep" 的所有 div 节点
last()	//*[@class='book'][last()]	位置匹配，表示选择 @class='book' 的最后一个节点
position()	//*[@class='site'][position()<=2]	位置匹配，表示选择 @class='site' 的前两个节点
start-with()	//input[start-with(@id,'se')]"	匹配 id 以 se 开头的元素
ends-with()	//input[ends-with(@id,'se')]	匹配 id 以 ste 结尾的元素
concat(string1, string2)	concat('book',.//*[@class='stie']/@href)	"book" 与标签类别属性为 "stie" 的 href 地址做拼接

5．pandas

pandas 是使用 Python 开发的用于数据处理和数据分析的第三方库，已经成为 Python 数据分析必备的工具。

（1）pandas 数据结构

pandas 的主要数据结构是 Series（一维数据）与 DataFrame（二维数据）。

1）Series

Series 是一个带标签的一维数组，是 pandas 最基础的数据结构。Series 类似于定长的有序字典，有 index 和 value。图 8-8 所示是用 Series 存储的我国四个直辖市的面积值。

可以看到，Series 由一组数据（这里是面积数据）和一组与数据相对应的数据标签（索引 index，这里是直辖市的名称）组成。这组数据和索引标签的基础都是一个一维 ndarray 数组。可将 index 索引理解为行索引。Series 的表现形式为：索引在左，数据在右。

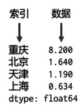

图 8-8 pandas 的 Series 数据结构

创建 Series。根据列表（元组）生成 Series：使用 pd.Series() 可以创建一个 Series，它的参数可以是列表、元组等。

```
import pandas as pd
lst=[8.2, 1.64, 1.19, 0.634]
sf=pd.Series(lst)
print (sf)
print (type(sf))
```

输出结果为：

```
0    8.200
1    1.640
2    1.190
3    0.634
dtype: float64
<class 'pandas.core.series.Series'>
```

指定索引值：如果不指定索引值，Series 默认的索引是从 0 开始的整数，可以通过 index 参数指定索引。

```
import pandas as pd
lst_data = [8.2, 1.64, 1.19, 0.634]
lst_index = ['重庆','北京','天津','上海']
sf=pd.Series(lst_data, index = lst_index)
print (sf)
```

输出结果为：

```
重庆    8.200
北京    1.640
天津    1.190
上海    0.634
dtype: float64
```

根据字典生成 Series：也可以使用字典生成 Series，字典中元素的 key 将成为索引。

```
import pandas as pd
d = {'重庆':8.2,'北京':1.64,'天津':1.19,'上海':0.634}
s = pd.Series(d)
print(s)
```

输出结果为：

```
重庆    8.200
北京    1.640
天津    1.190
上海    0.634
dtype: float64
```

获取 Series 的索引：可以通过 Series 的 index 属性获取索引。

```
print (sf.index)
for item in sf.index:
    print (item)
```

输出结果为：

```
Index(['重庆','北京','天津','上海'], dtype='object')
重庆
北京
天津
上海
```

获取 Series 的值：可以通过 Series 的 values 属性获取全部值，或者用 [索引名] 获取指定索引的值。

```
print (sf.values)
print (sf['北京'])
```

输出结果为：

```
[8.2  1.64 1.19 0.634]
1.64
```

预览 Series 的数据：可以通过 Series 的 head 方法获取前几条数据，通过 tail 方法获取后几条数据。

```
print (sf.head(2))
print ('******')
print (sf.tail(2))
```

输出结果为：

```
重庆    8.20
北京    1.64
```

```
dtype: float64
******
天津    1.190
上海    0.634
dtype: float64
```

注意：head 和 tail 方法可以通过参数指定获取数据量，默认为 5。

2）DataFrame

DataFrame 是一个类似表格的二维数据结构，既有行标签（index），又有列标签（columns），表格中每列的数据类型可以不同，可以是字符串、整型或者浮点型等。其结构示意图如图 8-9 所示。

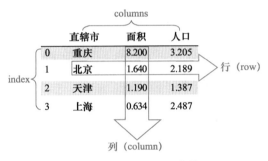

图 8-9　DataFrame 结构

在 DataFrame 中：横向的称为行（row）；纵向的称为列（column）；行索引被称为 index；列索引被称为 columns。

① 创建 DataFrame。

用列表创建 DataFrame：使用 pd.DataFrame() 可以创建一个 Series，它的参数可以是列表、元组等。

```
lst_data = [[' 重庆 ',8.2,3.205],
           [' 北京 ',1.64,2.189],
           [' 天津 ',1.19,1.387],
           [' 上海 ',0.634,2.487]]
df_data = pd.DataFrame(lst_data,columns=[' 直辖市 ',' 面积 ',' 人口 '])
print(df_data)
print(type(df_data))
```

输出结果为：

```
  直辖市  面积    人口
0 重庆   8.200 3.205
1 北京   1.640 2.189
2 天津   1.190 1.387
3 上海   0.634 2.487
<class 'pandas.core.frame.DataFrame'>
```

用字典创建 DataFrame：字典中的键为列索引，值一般是一个列表或元组，为具体数据。

```
data = {'直辖市':['重庆','北京','天津','上海'],
        '面积':[8.2,1.64,1.19,0.634],
        '人口':[3.205,2.189,1.387,2.487]}
df = pd.DataFrame(data)
print(df)
```

输出结果为:

```
  直辖市  面积   人口
0  重庆  8.200 3.205
1  北京  1.640 2.189
2  天津  1.190 1.387
3  上海  0.634 2.487
```

② 引用 DataFrame 索引。

与 Series 相同,DataFrame 也可以使用方括号([])指定列标签进行索引引用。

```
d = {'直辖市':['重庆','北京','天津','上海'],
     '面积':[8.2,1.64,1.19,0.634],
     '人口':[3.205,2.189,1.387,2.487]}
df = pd.DataFrame(d)
print(df['面积'])
print(type(df['面积']))
```

输出结果为:

```
0    8.200
1    1.640
2    1.190
3    0.634
Name: 面积, dtype: float64
<class 'pandas.core.series.Series'>
```

如果只从 DataFrame 中引用一个列,返回的是一个 Series,也可以引用多个列,这时需要把引用的列名作为列表放在方括号([])里,引用的结果是一个 DataFrame。

```
print(df[['直辖市','面积']])
print(type(df[['直辖市','面积']]))
```

输出结果为:

```
  直辖市  面积
0  重庆  8.200
1  北京  1.640
2  天津  1.190
3  上海  0.634
<class 'pandas.core.frame.DataFrame'>
```

(2) 读写数据

pandas 可以将指定格式的数据文件读取到 DataFrame 中，也可以把 DataFrame 中写入到不同类型的文件中，表 8-5 列出了常用的读写数据函数。

表 8-5 pandas 常用读写数据函数

文件格式	读取函数	写入函数
Excel	read_excel	to_excel
CSV	read_csv	to_csv
JSON	read_json	
HTML 表格	read_html	to_html
剪贴板	read_clipboard	to_clipboard
SQL	read_sql	to_sql

下面简要介绍数据分析中最常用的 CSV 文件的读写。CSV（Comma-Separated Values）是用逗号分隔数据的文本文件，pandas 为读写 CSV 文件提供了强大的功能。

1）读取 CSV 文件

读取 CSV 文件可以使用 read_csv 函数，它有 50 多个参数，可以灵活处理复杂的数据读取操作。下面介绍最常用的几个参数。

- filepath_or_buffer

read_csv 函数唯一必不可少的参数是文件路径，read_csv 函数会读取路径所指向的文件内容并以 DataFrame 对象返回，例如，data.csv 文件的内容（左侧数字为行号，非文件内容），如图 8-10 所示。

```
1  直辖市,面积,人口
2  重庆,8.2,3.205
3  北京,1.64,2.189
4  天津,1.19,1.387
5  上海,0.634,2.487
```

图 8-10 data.csv 文件的内容

运行以下代码：

```
df = pd.read_csv('data.csv')
print(df)
```

结果为：

```
0  重庆  8.200  3.205
1  北京  1.640  2.189
2  天津  1.190  1.387
3  上海  0.634  2.487
直辖市面积人口
```

注意：在 Python 中，函数的第一参数可以不写参数名，因此上面的代码中没有使用 filepath_or_buffer 参数名。

- header 参数

默认情况下，read_csv 函数会读取 CSV 文件的第一行数据作为列标签，如果数据中没有列标签，可以指定 header 参数为 None，这时会生成一个从 0 开始，公差为 1 的等差数列作为列标签：

```
df = pd.read_csv('data.csv',header = None)
print(df)
```

运行结果：

```
      0    1     2
0  直辖市  面积   人口
1   重庆   8.2  3.205
2   北京  1.64  2.189
3   天津  1.19  1.387
4   上海  0.634 2.487
```

也可以用整数指定某行为列标签，例如：

```
df = pd.read_csv('data.csv',header = 2)
print(df)
```

运行结果：

```
    北京  1.64   2.189
0   天津  1.190  1.387
1   上海  0.634  2.487
```

注意：此时指定为列标签的行以上的内容将不会被读取。

- names 参数

当数据中不包含列标签时，可以使用 names 参数指定列标签，例如，data2.csv 内容如图 8-11 所示。

```
1  重庆,8.2,3.205
2  北京,1.64,2.189
3  天津,1.19,1.387
4  上海,0.634,2.487
```

图 8-11 data2.csv 内容

```
df2 = pd.read_csv('data2.csv',header = None,names = [' 直辖市 ',' 面积 ',' 人口 '])
print(df2)
```

运行结果：

```
   直辖市  面积   人口
0   重庆  8.200  3.205
1   北京  1.640  2.189
2   天津  1.190  1.387
3   上海  0.634  2.487
```

- sep 参数

CSV 文件一般是以逗号作为数据的分隔符，有时也可能使用其他字符，例如，data3.csv 文件使用了分号作为分隔符，如图 8-12 所示。

```
1  直辖市;面积;人口
2  重庆;8.2;3.205
3  北京;1.64;2.189
4  天津;1.19;1.387
5  上海;0.634;2.487
```

图 8-12 data3.csv 内容

这时如果使用 read_csv 函数进行读取就会出现问题。

```
df3 = pd.read_csv('data3.csv')
print(df3)
```

运行结果：

```
   直辖市;面积;人口
0   重庆;8.2;3.205
1   北京;1.64;2.189
2   天津;1.19;1.387
3   上海;0.634;2.487
```

这种情况通过 sep 参数指定分隔符就可以正常读取了，例如：

```
df3 = pd.read_csv('data3.csv',sep=';')
print(df3)
```

运行结果：

```
   直辖市  面积   人口
0   重庆  8.200  3.205
1   北京  1.640  2.189
2   天津  1.190  1.387
3   上海  0.634  2.487
```

- index_col 参数

index_col 参数用来指定索引列，默认值为 None，使用从 0 开始的自然序列。例如，现在读取 data2.csv，指定第一列为索引：

```
df2 = pd.read_csv('data2.csv',index_col=0,names=[' 面积 ',' 人口 '])
print(df2)
```

运行结果：

```
     面积   人口
重庆  8.200 3.205
北京  1.640 2.189
天津  1.190 1.387
上海  0.634 2.487
```

2）写入 CSV 文件

使用 to_csv 方法可以将 Series 对象或 DataFrame 对象写入 CSV 文件，例如：

```
df = pd.DataFrame([[1,2,3,4],[5,6,7,8],[9,10,11,12]],columns=[' 一 ',' 二 ',' 三 ',' 四 '])
df.to_csv('out.csv')
```

此时读取 out.csv：

```
df0 = pd.read_csv('out.csv')
print(df0)
```

运行结果：

```
   Unnamed: 0  一 二 三 四
0      0       1 2 3 4
1      1       5 6 7 8
2      2       9 10 11 12
```

可以看到，to_csv 方法将 df0 的索引标签作为 Unnamed:0 列写入了 out.csv 中，原因是 to_csv 方法有一个参数 index，默认值为 Ture，如果不需要把索引标签写入文件，则需把 index 参数赋值为 False。

```
df = pd.DataFrame([[1,2,3,4],[5,6,7,8],[9,10,11,12]],columns=[' 一 ',' 二 ',' 三 ',' 四 '])
df.to_csv('out2.csv',index=False)
df1 = pd.read_csv('out2.csv')
print(df1)
```

运行结果：

```
  一 二 三 四
0 1 2 3 4
1 5 6 7 8
2 9 10 11 12
```

（3）Pandas 基础操作

1）获取数据的信息

当获取到一个数据集之后，需要对数据的基本情况有一个了解，以下获取数据信息的方法大部分对 DataFrame 和 Series 都适用，这里针对 DataFrame 进行介绍。

① 查看样本。

当数据集较大时，往往需要查看部分样本数据，Pandas 提供了三种查看样本数据的方法：

df.head()：显示头部数据，默认 5 条，可通过参数指定数量。

df.tail()：显示尾部数据，默认 5 条，可通过参数指定数量。

df.sample()：随机显示 1 条数据，可通过参数指定数量。

② 查看数据基础信息。

通过 df.info 可获取数据的基础信息，包括数据类型、索引情况、行列数及内存占用情况等。

```
data = {'直辖市':['重庆','北京','天津','上海'],
    '面积':[8.2,1.64,1.19,0.634],
    '人口':[3.205,2.189,1.387,2.487]}
df = pd.DataFrame(data)
df.info()
```

运行结果：

```
<class 'pandas.core.frame.DataFrame'>
RangeIndex: 4 entries, 0 to 3
Data columns (total 3 columns):
 #   Column  Non-Null Count  Dtype
---  ------  --------------  -----
 0   直辖市     4 non-null      object
 1   面积      4 non-null      float64
 2   人口      4 non-null      float64
dtypes: float64(2), object(1)
memory usage: 224.0+ bytes
```

注意：Series 不支持 info 属性。

③ 查看数据形状。

通过 shape 和 size 属性可以获取 DataFrame 的大小，shape 属性会将 DataFrame 的大小以（行数，列数）的元组类型返回：

```
d = {'直辖市':['重庆','北京','天津','上海'],
    '面积':[8.2,1.64,1.19,0.634],
    '人口':[3.205,2.189,1.387,2.487]}
df = pd.DataFrame(d)
df.shape
```

运行结果：

```
(4, 3)
```

size 属性则返回 DataFrame 的元素数量（即行数 × 列数），对于上面的 DataFrame，

df.size 会返回 12。

④ 其他信息。

- 索引对象

通过 index 属性可以获取 DataFrame 的索引，如果创建 DataFrame 时没有指定索引，默认的索引是采用 RangeIndex 对象创建的从 0 开始的等差数列，例如：

```
d = {'直辖市':['重庆','北京','天津','上海'],
     '面积':[8.2,1.64,1.19,0.634],
     '人口':[3.205,2.189,1.387,2.487]}
df = pd.DataFrame(d)
print(df.index)
```

运行结果：

```
RangeIndex(start=0, stop=4, step=1)
```

可以通过 index 属性修改 DataFrame 的索引，例如：

```
d = {'直辖市':['重庆','北京','天津','上海'],
     '面积':[8.2,1.64,1.19,0.634],
     '人口':[3.205,2.189,1.387,2.487]}
df = pd.DataFrame(d)
df.index = ['A', 'B', 'C', 'D']
print(df.index)
print(df)
```

运行结果：

```
Index(['A', 'B', 'C', 'D'], dtype='object')
  直辖市  面积   人口
A  重庆  8.200  3.205
B  北京  1.640  2.189
C  天津  1.190  1.387
D  上海  0.634  2.487
```

- 列索引

DataFrame 的行与列都有标签，前面提到使用 index 属性可以获取索引（即行标签），获取列标签需要使用 columns 属性，例如：

```
d = {'直辖市':['重庆','北京','天津','上海'],
     '面积':[8.2,1.64,1.19,0.634],
     '人口':[3.205,2.189,1.387,2.487]}
```

```
df = pd.DataFrame(d)
print(df.columns)
```

运行结果：

```
Index([' 直辖市 ', ' 面积 ', ' 人口 '], dtype='object')
```

同样可以通过 columns 属性指定 DataFrame 的列标签，例如：

```
values = [[10,20,30],[15,25,35]]
df = pd.DataFrame(values)
print(df.columns)
print(df)
```

运行结果：

```
RangeIndex(start=0, stop=3, step=1)
   0   1   2
0  10  20  30
1  15  25  35
```

可以看到，默认的列标签也是采用 RangeIndex 对象创建的从 0 开始的等差数列，现在把需要指定的列标签写在列表中，通过 columns 属性赋值：

```
df.columns = ['A','B','C']
print(df)
```

运行结果：

```
    A   B   C
0  10  20  30
15  25  35
```

2）数据选择

在对数据进行操作时，往往需要选择数据，下面介绍常用的数据选择方法。

① 选择列。

选择列有两种方法，下面举例说明。有如下 DataFrame：

```
  直辖市 面积    人口
0  重庆  8.200 3.205
1  北京  1.640 2.189
2  天津  1.190 1.387
3  上海  0.634 2.487
```

想要选择"面积"这一列数据，可以使用属性操作符"."：

```
df. 面积
```

或者索引操作符 "[]"：

```
df[' 面积 ']
```

运行结果：

```
0    8.200
1    1.640
2    1.190
3    0.634
Name: 面积 , dtype: float64
```

两种操作方法结果是一样的，需要注意，如果列名不符合 Python 标识符规则，如包含空格、以数字开头时，只能使用索引操作符。另外索引操作符支持选多列，这种情况需要将要选择的列名放在列表里。

```
df[[' 面积 ',' 人口 ']]
```

运行结果：

```
   面积    人口
0  8.200  3.205
1  1.640  2.189
2  1.190  1.387
3  0.634  2.487
```

② 通过列表方式选择数据。

通过列表方式可以选择 DataFrame 中的某些行，例如：

```
df[:]    # 选择所有行
df[:2]   # 选择前两行
```

这里切片的逻辑和 Python 语法是一致的。

③ 按标签选择数据。

loc 属性可以指定行或列的标签对数据进行引用。loc 属性按标签名进行引用，引用的格式是：

```
loc[' 行标签 ',' 列标签 ']
```

例如：

```
d = {' 直辖市 ':[' 重庆 ',' 北京 ',' 天津 ',' 上海 '],
     ' 面积 ':[8.2,1.64,1.19,0.634],
     ' 人口 ':[3.205,2.189,1.387,2.487]}
```

```
df = pd.DataFrame(d)
df.index = ['A', 'B', 'C', 'D']
df.loc['B', :]
```

运行结果：

```
直辖市 北京
面积    1.64
人口    2.189
Name: B, dtype: object
```

最后一行代码 df.loc['B', :] 引用了行标签为 'B' 的所有列（":"即切片表达式），返回的是包含引用值的 Series，如果引用行标签为 'B'，列标签为 ' 面积 ' 的值，则返回浮点数 1.64。

```
df.loc['B', ' 面积 ']
```

运行结果：

```
1.64
```

④ 按位置选择数据。

在标签不明确的时候，可以通过位置进行选择。最典型的场景就是选择首行、尾行等。iloc 属性主要使用数字索引引用数据，其格式为：iloc['行表达式'，'列表达式']。例如，df.iloc[1,:] 表示引用第 1 行的所有列，和 df.loc['B', :] 是等效的。

（4）pandas 文本处理

1）文本类型

pandas 支持两种文本类型：object 和 StringDtype。在 1.0 版本前，如果一列数据混杂各种数据类型，pandas 会将其归为 object 类型。1.0 版本之后，pandas 支持新的数据类型 StringDtype。

pandas 默认将文本数据推断为 object 类型，例如：

```
data = {' 直辖市 ':[' 重庆 ',' 北京 ',' 天津 ',' 上海 '],
        ' 面积 ':[8.2,1.64,1.19,0.634],
        ' 人口 ':[3.205,2.189,1.387,2.487]}
df = pd.DataFrame(data)
df.dtypes
```

运行结果：

```
直辖市    object
面积     float64
人口     float64
dtype: object
```

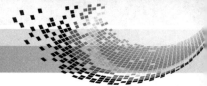

如果想使用 StringDtype，可以在创建数据时指定或者进行类型转换，例如：

```
df.convert_dtypes().dtypes
```

运行结果：

```
直辖市    string
面积      float64
人口      float64
dtype: object
```

或者使用任务 2 中用过的 astype() 进行转换：

```
df[' 直辖市 '].astype('string')
```

运行结果：

```
0    重庆
1    北京
2    天津
3    上海
Name: 直辖市 , dtype: string
```

2）字符操作

可以使用 .str 访问器（Accessor）来对文本类型的数据进行字符操作，下面列出常用的字符操作：

```
.str.lower() # 转换为小写字母
.str.upper() # 转换为大写字母
.str.swapcase() # 大小写互换
.str.count('x') # 统计指定字母数量
.str.len() # 计算字符串长度
.str.isalpha() # 判断是否为字母
.str.isdigit() # 判断是否为数字
.str.split('-') # 按指定字符拆分字符串
.str.replace('a','b') # 文本替换
.str.contains('x') # 判断文本中是否包含指定字符
```

(5) 函数处理

pandas 为 DataFrame 和 Series 提供了很多方法用于数据统计和计算，如 mean、sum、max、min 等，例如：

```
# 计算"面积"列的平均值
df[' 面积 '].mean()
# 计算"人口"列的总和
df[' 人口 '].sum()
```

```
# 计算 "人口" 列的最大值
df[' 人口 '].max()
# 计算 "面积" 列的最小值
df[' 面积 '].min()
```

但有些时候也需要使用用户自定义的函数对数据进行处理，pandas 提供了 apply、agg、applymap 和 pipe 等用于自定义函数的方法，这里简要介绍 apply 方法的使用。

apply 方法可以对 DataFrame 按列（默认）或行进行函数处理，传入的函数支持自定义函数、匿名函数、Python 内置函数等。

apply 方法的一般语法为：

```
df.apply(func, axis=0, args=(), **kwds)
```

参数：

func：函数，应用于每列或每行的函数。

axis：{0 or 'index', 1 or 'columns'}，默认为 0，应用函数的轴方向。0 or 'index'：按行；1 or 'columns'：按列。

args: func 的位置参数。

**kwds：要作为关键字参数传递给 func 的其他关键字参数。

返回值：

Series 或者 DataFrame：沿数据的给定轴应用 func 的结果。

下面来看一个例子：

```
df = pd.DataFrame({'x': [1, 2, 3, 4],
                   'y': [5, 6, 7, 8]},
                  index=['a', 'b', 'c', 'd'])
print(df)
```

运行结果：

```
  x y
a 1 5
b 2 6
c 3 7
d 4 8
```

对各列应用函数：

```
df.apply(lambda x: x*10)
```

运行结果：

```
   x  y
a  10 50
b  20 60
c  30 70
d  40 80
```

对各行应用函数：

```
df.apply(lambda x: sum(x), axis=1)
```

运行结果：

```
a   6
b   8
c  10
d  12
dtype: int64
```

（6）pandas 数据分组聚合

pandas 中的数据分组是基于特定的列数据进行"分组→应用函数→合并结果"的过程。使用 groupby 方法可以对 DataFrame 或 Series 对象进行分组，图 8-13 展示了 groupby 的处理流程。

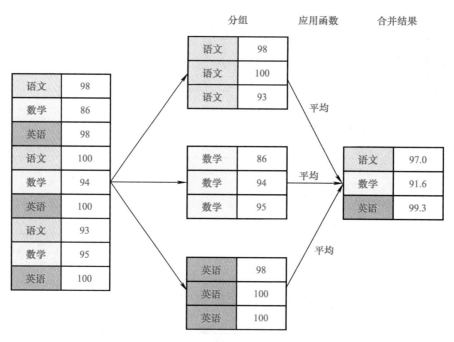

图 8-13　groupby 处理流程

groupby 语法：

pandas 中的 groupby 方法可以按照指定字段对 DataFrame 进行分组，生成一个 GroupBy

对象，语法结构如下：

```
df.groupby(self,by=None,axis=0,level=None,
as_index:bool=True,sort:bool=True,
group_keys:bool=True,
squeeze:bool=False,
observed:bool=False,dropna=True)
```

groupby 方法的参数 by 用于指定字段进行分组，df 包含了三名学生三门课程的考试成绩：

```
  姓名 科目 成绩
0 张三 语文 98
1 张三 数学 86
2 张三 英语 98
3 李四 语文 100
4 李四 数学 94
5 李四 英语 100
6 王五 语文 93
7 王五 数学 95
8 王五 英语 100
```

下面按照"科目"进行分组：

```
df_grouped = df.groupby(by = '科目')
df_grouped
```

运行结果：

```
<pandas.core.groupby.generic.DataFrameGroupBy object at 0x0000026D69B5CC40>
```

可以看到，返回的结果是一个 GroupBy 对象，GroupBy 对象是一个迭代对象，每次迭代结果是一个元组，元组的第一个元素是该组的名称（就是 groupby 的列的元素名称），第二个元素是该组的具体信息，是一个 DataFrame，索引是以前的数据框的总索引，下面用 for 循环遍历 GroupBy 对象：

```
for name,group in df_grouped:
    print(name)
    print(group)
```

运行结果：

```
数学
  姓名 科目 成绩
1 张三 数学 86
```

```
4  李四  数学  94
7  王五  数学  95
英语
   姓名  科目  成绩
2  张三  英语  98
5  李四  英语  100
8  王五  英语  100
语文
   姓名  科目  成绩
0  张三  语文  98
3  李四  语文  100
6  王五  语文  93
```

GroupBy 对象的 groups 属性：返回一个字典，键为分组标签的名称，值为对应的索引标签列表。

```
df_grouped.groups
```

运行结果：

```
{'数学': [1, 4, 7], '英语': [2, 5, 8], '语文': [0, 3, 6]}
```

GroupBy 对象的 get_group 方法可以获得某一个分组的具体信息：

```
df_grouped.get_group('语文')
```

运行结果：

```
   姓名  科目  成绩
0  张三  语文  98
3  李四  语文  100
6  王五  语文  93
```

GroupBy 对象的聚合方法：表 8-6 总结了 GroupBy 对象中提供了常用的数据聚合方法。

表 8-6　GroupBy 对象常用的数据聚合方法

聚 合 方 法	说　　明
count()	元素数量（不包括缺失值）
max()	最大值
min()	最小值
mean()	平均值
median()	中位数
prod()	无穷乘积
std()	标准差
var()	方差

下面来看几个数据聚合的例子：

```
df_grouped.mean()
```

运行结果：

```
成绩
科目
数学  91.666667
英语  99.333333
语文  97.000000
```

```
df_grouped['成绩'].max()
```

运行结果：

```
科目
数学   95
英语   100
语文   100
Name: 成绩 , dtype: int64
```

（7）matplotlib 数据可视化

matplotlib 是目前最常用的 Python 绘图库，用于数据可视化。matplotlib 提供了两种常用 API：pyplot API 和 object-oriented API。一般情况下，如果需要快速绘制图表可以选择 pyplot API，如果需要自由度更高地自定义图表，可以选择 object-oriented API。

使用 matplotlib 进行绘图一般可以分为 5 个步骤：①准备数据；②创建绘图；③开始绘图；④保存图像；⑤展示图像。下面通过一个例子来演示这 5 个步骤。

```
1   import matplotlib.pyplot as plt
2   # 1. 准备数据
3   x = [1,2,3,4]
4   y = [10,20,25,30]
5   # 2. 创建绘图
6   plt.figure(figsize=(10,5),dpi=200)
7   # 3. 开始绘图
8   plt.plot(x, y, color = 'lightblue', linewidth = 3)
9   # 4. 保存图像
10  plt.savefig('test.jpg')
11  # 5. 展示图像
12  plt.show()
```

运行结果如图 8-14 所示。

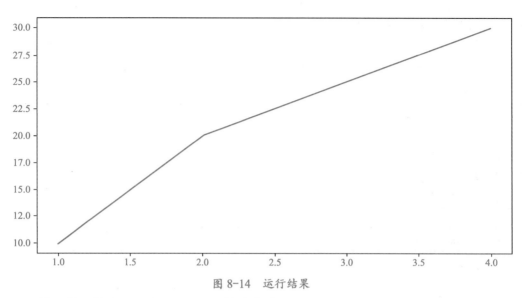

图 8-14 运行结果

- 第 1 行：导入 matplotlib.pyplot 并命名为 plt。
- 第 3、4 行：准备数据，这里将数据的 X、Y 坐标分别写入列表中。
- 第 6 行：使用 plt.figure() 创建一个绘图（画布），通过参数指定大小（figsize）及分辨率（dpi）。
- 第 8 行：使用 plt.plot() 将数据绘制成折线图，制定了颜色和线宽。
- 第 10 行：使用 plt.savefig() 将绘制的图形保存到文件中。
- 第 12 行：使用 plt.show() 将绘制的图形显示出来。

Matplotlib 支持的常用绘图类型见表 8-7。

表 8-7 Matplotlib 支持的常用绘图类型

绘图类型	函数	参数说明
柱状图	plt.bar(x, height,[width]) plt.barh(x, height,[width])	x：指定柱状栏的 x 坐标 height：指定柱状栏的高度 width（可选项）：柱状栏的宽度，默认为 0.8
饼图	plt.pie(x,[explode],[labels],[autopct])	x：指定切片大小 explode（可选项）：切片偏移量 labels（可选项）：切片标记 autopct（可选项）：根据指定的格式化字符在切片内显示百分比
散点图	plt.scatter(x,y,[s],[c])	x, y：指定数据位置 s（可选项）：指定标记大小 c（可选项）：指定标记颜色
折线图	plt.plot([x],y,[fmt])	x（可选项）：数据点 x 坐标，默认为 [0,1,…,n] y：数据点 y 坐标 fmt（可选项）：格式字符串，通过 fmt = '[color][marker][line]' 形式定义颜色、标记、线型属性，如未指定则将数据点用实线连接

(8) pandas 数据可视化

Pandas 提供的 plot() 方法是对 matplotlib.pyplot.plot 的封装，可以快速实现 Series 和 DataFrame 数据的可视化。

1) 绘图类型。plot() 方法通过 kind 参数可以指定绘图的类型，常用的包括：

line：折线图，默认。

pie：饼图。

bar：垂直柱状图。

barh：水平柱状图。

scatter：散点图。

2) x 轴、y 轴数据。通过 x，y 参数指定对应轴上的数据。

3) 标题。通过 title 参数可指定绘图的标题，显示在图形顶部。

4) 字体大小。通过 fontsize 参数可指定坐标轴上字体的大小。

5) 线条样式。通过 style 参数可指定线条的样式：

'-'：实线（默认）。

':'：虚线。

'-.'：点虚线。

'--'：长虚线。

'.'：点。

'*-'：实线 + 星星（数据点）。

'^-'：实线 + 三角（数据点）。

6) 图形尺寸。通过 figsize 参数可以指定图形的尺寸，单位为英寸。

7) 图例。plot() 方法默认显示图例，如果不想显示，设置 legend=False 即可。

项目拓展　北京冬奥会奖牌数据可视化

项目目标：

从网页中获取 2022 北京冬奥会奖牌数据，进行数据分析及可视化。

项目要求：

1) 从网页获取 2022 北京冬奥会奖牌数据，保存到 CSV 格式文件中。将奖牌榜排名前十位的国家获得的金银铜牌数量通过柱状图展示。

2) 从网页获取 2022 北京冬奥会奖牌获得者获得奖牌的数据，保存到 CSV 格式文件中。筛选出我国运动员获得奖牌的数据并展示不同赛项获得奖牌的情况。

大数据基础应用

润物无声 探索精神

　　数据分析是一个探索的过程，需要好奇心、求知欲与科学探索精神。探索精神是人类文明的原动力，2021年6月17日神舟十二号载人飞船顺利升空，标志着中国航天进入空间站时代。这个时间距离1999年第一艘试验飞船神舟一号发射，已经过去了超过20年的时间了。这20多年里，每一次的点火升空，都是中国航天对太空探索的尝试，一代又一代人传承着探索精神，助推航天梦想，彰显中国力量。

　　"天宫"揽胜、"嫦娥"奔月，"北斗"指路、"长五"飞天，中国人的探索精神绵延不断地向前传递。未来我们将以更大的智慧和勇气去探寻未知世界的奥秘，不断创造新的辉煌。

参 考 文 献

[1] 裘宗燕. 从问题到程序：用 Python 学编程和计算 [M]. 北京：机械工业出版社，2017.

[2] 嵩天，礼欣，黄天羽. Python 语言程序设计 [M]. 北京：高等教育出版社，2017.

[3] 董付国. Python 程序设计基础与应用 [M]. 北京：机械工业出版社，2022.

[4] 李庆辉. 深入浅出 Pandas：利用 Python 进行数据处理与分析 [M]. 北京：机械工业出版社，2021.